基于核心素养的
数学教学设计与研究

陈峥嵘 林 伟◎编著

图书在版编目（CIP）数据

基于核心素养的数学教学设计与研究/陈峥嵘，林伟编著. —沈阳：辽宁大学出版社，2021.10
（名师名校名校长书系）
ISBN 978-7-5698-0448-5

Ⅰ.①基…　Ⅱ.①陈…②林…　Ⅲ.①数学教学—教学设计　Ⅳ.①O1

中国版本图书馆CIP数据核字（2021）第145125号

基于核心素养的数学教学设计与研究
JIYU HEXIN SUYANG DE SHUXUE JIAOXUE SHEJI YU YANJIU

出 版 者：辽宁大学出版社有限责任公司
（地址：沈阳市皇姑区崇山中路66号　　邮政编码：110036）
印 刷 者：北京米乐印刷有限公司
发 行 者：辽宁大学出版社有限责任公司
幅面尺寸：170mm×240mm
印　　张：13.5
字　　数：232千字
出版时间：2021年10月第1版
印刷时间：2021年10月第1次印刷
责任编辑：李珊珊
封面设计：徐澄玥
责任校对：王　健

书　　号：ISBN 978-7-5698-0448-5
定　　价：45.00元

联系电话：024-86864613
邮购热线：024-86830665
网　　址：http://press.lnu.edu.cn
电子邮件：lnupress@vip.163.com

前言 FOREWORD

课程改革不是换一套教科书，而是教育领域一次深层次的彻底革命。这是一场以转变教学理念为先导，以课堂教学改革为核心，以提高教师综合素质为突破口，以改变教学方式为手段，以一切为了学生发展为目标的全面改革，旨在通过培养学生的创新精神和实践能力，全面推进和实施素质教育。新课程改革将改变学生的学习生活，也将改变教师的工作方式、生活方式乃至生存方式。教师的角色已变成学生学习的促进者、引导者，教育教学的研究者，课程的开发者和建设者。新课程教材表面上难度降低了，实际上对教师和学生的要求更高了。新课程自由度较大的空间与教师创新实施能力不足的矛盾已成为制约新课程实施的“瓶颈”，每一位教师都需要重新学习，才能适应新课程，不然你就会发现“涛声依旧”“穿新鞋走老路”“越来越不会教了”。

在新课程的背景下，在各种新的教学方法、教学模式和教学理念、流派面前，有的教师为传统规范所羁绊，因无法突破而困惑，更多的教师在创造性地尝试新的教学方法时，感到无所适从。从各国课程改革的历史来看，一些重大的课程改革不能取得成功，问题基本上都出在课程理念与教师行为的转化上，从理论到实践有一条艰难的路要走。立足岗位，提高教师的课堂教学技能是当务之急。

过去，中小学课程统一内容，统一教材、教参，统一标准，统一考试，教师过分依赖教材和教学参考书，影响教师创造性的发挥。如今，新课程使教学过程中教师可支配的因素增加了，课程内容的综合性、弹性加大，教材、教参为教师留有的余地加大，教师可以根据教学需要，采用自己认为最合适的教学形式和教学方法，决定课程资源的开发、利用。为此，教师要具备一定的课程整合能力、课程设计能力和课程开发能力，而对教科书的依赖程度将越来越弱。长期以来，教师的主要任务是讲授别人编写的，甚至连教学参考书也备齐的教材，而学校课程的开发要求教师不仅会“教”书，还要会“编”书，为教师提供了一个创造性发挥教育智慧的空间。为适应新课程的需要，教师教学设计技能也应运而生。教学设计是一个开放的动态的过程，是能够充分体现教师创造性的教学“文本”，而不仅仅是静态的、物化的“作品”。这也就意味着，一个教师对教学设计的理解是一个没有终点的旅程。教学设计需要一种理性意识，它要求教师对自己的教学行为永远保持一种不“信任”、不满足的态度，保持一份清醒的智慧态度，并在这种不断的理性反思中走向专业的成熟。

CONTENTS

目录

第一章

核心素养与数学核心素养

第一节　核心素养

所谓“学生发展核心素养”，主要是指学生应具备的，能够适应终身发展和社会发展需要的必备品格和关键能力。核心素养是学生知识、技能、情感、态度、价值观等多方面的综合表现；是每一名学生获得成功生活、适应个人终身发展和社会发展都需要的、不可或缺的共同素养。其发展是一个持续终身的过程，可教可学，最初在家庭和学校中培养，随后在一生中不断完善。

一、基本内涵

正式发布的《中国学生发展核心素养》以科学性、时代性和民族性为基本原则，以培养全面发展的人为核心，分为文化基础、自主发展、社会参与三个方面，综合表现为人文底蕴、科学精神、学会学习、健康生活、责任担当、实践创新六大素养。

（一）文化基础

文化是人存在的根和魂。文化基础，重在强调能习得人文、科学等各领域的知识和技能，掌握和运用人类优秀智慧成果，涵养内在精神，追求真善美的统一，发展成为有深厚文化基础、有更高精神追求的人。

1. 人文底蕴

人文底蕴主要是指学生在学习、理解、运用人文领域的知识和技能等方面所形成的基本能力、情感态度和价值取向。具体包括人文积淀、人文情怀和审美情趣等基本要点。

2. 科学精神

科学精神主要是指学生在学习、理解、运用科学知识和技能等方面所形成的价值标准、思维方式和行为表现。具体包括理性思维、批判质疑、勇于探究等基本要点。

（二）自主发展

自主性是人作为主体的根本属性。自主发展，重在强调能有效管理自己的学习和生活，认识和发现自我价值，发掘自身潜力，有效应对复杂多变的环境，成就出彩人生，发展成为有明确人生方向、有生活品质的人。

1. 学会学习

学会学习主要是指学生在学习意识形成、学习方式方法选择、学习进程评估调控等方面的综合表现。具体包括乐学善学、勤于反思、信息意识等基本要点。

2. 健康生活

健康生活主要是指学生在认识自我、发展身心、规划人生等方面的综合表现。具体包括珍爱生命、健全人格、自我管理等基本要点。

（三）社会参与

社会性是人的本质属性。社会参与，重在强调能处理好自我与社会的关系，养成现代公民所必须遵守和履行的道德准则和行为规范，增强社会责任感，提升创新精神和实践能力，促进个人价值实现，推动社会发展进步，发展成为有理想信念、敢于担当的人。

1. 责任担当

责任担当主要是指学生在处理与社会、国家、国际等关系方面所形成的情感态度、价值取向和行为方式。具体包括社会责任、国家认同、国际理解等基本要点。

2. 实践创新

实践创新主要是指学生在日常活动、问题解决、适应挑战等方面所形成的实践能力、创新意识和行为表现。具体包括劳动意识、问题解决、技术应用等基本要点。

二、主要表现

（一）文化基础

1. 人文底蕴

（1）人文积淀：具有古今中外人文领域基本知识和成果的积累；能理解和掌握人文思想中所蕴含的认识方法和实践方法等。

（2）人文情怀：具有以人为本的意识，尊重、维护人的尊严和价值；能关切人的生存、发展和幸福等。

（3）审美情趣：具有艺术知识、技能与方法的积累；能理解和尊重文化艺术的多样性，具有发现、感知、欣赏、评价美的意识和基本能力；具有健康的审美价值取向；具有艺术表达和创意表现的兴趣和意识，能在生活中拓展和升华美等。

2. **科学精神**

（1）理性思维：崇尚真知，能理解和掌握基本的科学原理和方法；尊重事实和证据，有实证意识和严谨的求知态度；逻辑清晰，能运用科学的思维方式认识事物、解决问题、指导行为等。

（2）批判质疑：具有问题意识；能独立思考、独立判断；思维缜密，能多角度、辩证地分析问题，作出选择和决定等。

（3）勇于探究：具有好奇心和想象力；能不畏困难，有坚持不懈的探索精神；能大胆尝试，积极寻求有效的问题解决方法等。

（二）自主发展

1. **学会学习**

（1）乐学善学：能正确认识和理解学习的价值，具有积极的学习态度和浓厚的学习兴趣；能养成良好的学习习惯，掌握适合自身的学习方法；能自主学习，具有终身学习的意识和能力等。

（2）勤于反思：具有对自己的学习状态进行审视的意识和习惯，善于总结经验；能够根据不同情境和自身实际，选择或调整学习策略和方法等。

（3）信息意识：能自觉、有效地获取、评估、鉴别、使用信息；具有数字化生存能力，主动适应“互联网＋”等社会信息化发展趋势；具有网络伦理道德与信息安全意识等。

2. **健康生活**

（1）珍爱生命：理解生命意义和人生价值；具有安全意识与自我保护能力；掌握适合自身的运动方法和技能，养成健康文明的行为习惯和生活方式等。

（2）健全人格：具有积极的心理品质，自信自爱，坚忍乐观；有自制力，能调节和管理自己的情绪，具有抗挫折能力等。

（3）自我管理：能正确认识与评估自我；依据自身个性和潜质选择适合的发展方向；合理分配和使用时间与精力；具有达成目标的持续行动力等。

（三）社会参与

1. 责任担当

（1）社会责任：自尊自律，文明礼貌，诚信友善，宽和待人；孝亲敬长，有感恩之心；热心公益和志愿服务，敬业奉献，具有团队意识和互助精神；能主动作为，履职尽责，对自我和他人负责；能明辨是非，具有规则与法治意识，积极履行公民义务，理性行使公民权利；崇尚自由平等，能维护社会公平正义；热爱并尊重自然，具有绿色生活方式和可持续发展理念及行动等。

（2）国家认同：具有国家意识，了解国情历史，认同国民身份，能自觉捍卫国家主权、尊严和利益；具有文化自信，尊重中华民族的优秀文明成果，能传播、弘扬中华优秀传统文化和社会主义先进文化；了解中国共产党的历史和光荣传统，具有热爱党、拥护党的意识和行动；理解、接受并自觉践行社会主义核心价值观，具有中国特色社会主义共同理想，有为实现中华民族伟大复兴中国梦而不懈奋斗的信念和行动。

（3）国际理解：具有全球意识和开放的心态，了解人类文明进程和世界发展动态；能尊重世界多元文化的多样性和差异性，积极参与跨文化交流；关注人类面临的全球性挑战，理解人类命运共同体的内涵与价值等。

2. 实践创新

（1）劳动意识：尊重劳动，具有积极的劳动态度和良好的劳动习惯；具有动手操作能力，掌握一定的劳动技能；在主动参加的家务劳动、生产劳动、公益活动和社会实践中，具有改进和创新劳动方式、提高劳动效率的意识；具有通过诚实合法劳动创造成功生活的意识和行动等。

（2）问题解决：善于发现和提出问题，有解决问题的兴趣和热情；能依据特定情境和具体条件，选择制订合理的解决方案；具有在复杂环境中行动的能力等。

（3）技术运用：理解技术与人类文明的有机联系，具有学习掌握技术的兴趣和意愿；具有工程思维，能将创意和方案转化为有形物品或对已有物品进行改进与优化等。

第二节　数学核心素养

学科核心素养是育人价值的集中体现，是学生通过学科学习而逐步形成的正确价值观、必备品格和关键能力。数学学科核心素养是数学课程目标的集中体现，是具有数学基本特征的思维品质、关键能力以及情感、态度与价值观的综合体现，是在数学学习和应用的过程中逐步形成和发展的。数学学科核心素养包括数学抽象、逻辑推理、数学建模、直观想象、数学运算和数据分析。这些数学学科核心素养既相对独立又相互交融，是一个有机的整体。

一、数学抽象

数学抽象是指通过对数量关系与空间形式的抽象，得到数学研究对象的素养，主要包括从数量与数量关系、图形与图形关系中抽象出数学概念及概念之间的关系；从事物的具体背景中抽象出一般规律和结构，并用数学语言予以表征。数学抽象是数学的基本思想，是形成理性思维的重要基础，反映了数学的本质特征，贯穿数学产生、发展、应用的过程。数学抽象使得数学成为高度概括、表达准确、结论一般、有序多级的系统。

数学抽象主要表现为：获得数学概念和规则，提出数学命题和模型，形成数学方法与思想，认识数学结构与体系。

通过高中数学课程的学习，学生能在情境中抽象出数学概念、命题、方法和体系，积累从具体到抽象的活动经验；养成在日常生活和实践中一般性思考问题的习惯，把握事物的本质，以简驭繁；运用数学抽象的思维方式思考并解决问题。

二、逻辑推理

逻辑推理是指从一些事实和命题出发，依据规则推出其他命题的素养，主要包括两类：一类是从特殊到一般的推理，推理形式主要有归纳、类比；一类是从一般到特殊的推理，推理形式主要有演绎。

逻辑推理是得到数学结论、构建数学体系的重要方式，是数学严谨性的基本保证，是人们在数学活动中进行交流的基本思维品质。

逻辑推理主要表现为掌握推理的基本形式和规则，发现问题和提出命题，探索和表述论证过程，理解命题体系，有逻辑地表达与交流。

通过高中数学课程的学习，学生能掌握逻辑推理的基本形式，学会有逻辑地思考问题；能够在比较复杂的情境中把握事物之间的关联，把握事物发展的脉络；形成重论据、有条理、合乎逻辑的思维品质和理性精神，增强交流能力。

三、数学建模

数学建模是对现实问题进行数学抽象，用数学语言表达问题、用数学方法构建模型解决问题的素养。数学建模过程主要包括在实际情境中从数学的视角发现问题、提出问题，分析问题、建立模型，确定参数、计算求解，检验结果、改进模型，最终解决实际问题。

数学模型搭建了数学与外部世界联系的桥梁，是数学应用的重要形式。数学建模是应用数学解决实际问题的基本手段，也是推动数学发展的动力。

数学建模主要表现为：发现和提出问题，建立和求解模型，检验和完善模型，分析和解决问题。

通过高中数学课程的学习，学生能有意识地用数学语言表达现实世界，发现和提出问题，感悟数学与现实之间的关联；学会用数学模型解决实际问题，积累数学实践的经验；认识数学模型在科学、社会、工程技术诸多领域的作用，提升实践能力，增强创新意识和科学精神。

四、直观想象

直观想象是指借助几何直观和空间想象感知事物的形态与变化，利用空间形式特别是图形，理解和解决数学问题的素养，主要包括借助空间形式认识事物的位置关系、形态变化与运动规律；利用图形描述分析数学问题；建立形与数的联系，构建数学问题的直观模型，探索解决问题的思路。

直观想象是发现和提出问题、分析和解决问题的重要手段，是探索和形成论证思路、进行数学推理、构建抽象结构的思维基础。

直观想象主要表现为：建立形与数的联系，利用几何图形描述问题，借助几何直观理解问题，运用空间想象认识事物。

通过高中数学课程的学习，学生能提升数形结合的能力，发展几何直观和空间想象能力；增强运用几何直观和空间想象思考问题的意识；形成数学直观，在具体的情境中感悟事物的本质。

五、数学运算

数学运算是指在明晰运算对象的基础上，依据运算法则解决数学问题的素养，主要包括理解运算对象，掌握运算法则，探究运算思路，选择运算方法，设计运算程序，求得运算结果等。

数学运算是解决数学问题的基本手段。数学运算是演绎推理，是计算机解决问题的基础。

数学运算主要表现为理解运算对象，掌握运算法则，探究运算思路，求得运算结果。

通过高中数学课程的学习，学生能进一步发展数学运算能力；有效借助运算方法解决实际问题；通过运算促进数学思维发展，形成规范化思考问题的品质，养成一丝不苟、严谨求实的科学精神。

六、数据分析

数据分析是指针对研究对象获取数据，运用数学方法对数据进行整理、分析和推断，形成关于研究对象知识的素养。数据分析过程主要包括收集数据，整理数据，提取信息，构建模型，进行推断，获得结论。

数据分析是研究随机现象的重要数学技术，是大数据时代数学应用的主要方法，也是“互联网＋”相关领域的主要数学方法，数据分析已经深入科学、技术、工程和现代社会生活的各个方面。

数据分析主要表现为收集和整理数据，理解和处理数据，获得和解释结论，概括和形成知识。

通过高中数学课程的学习，学生能提升获取有价值信息并进行定量分析的意识和能力；适应数字化学习的要求，增强基于数据表达现实问题的意识，形成通过数据认识事物的思维品质；积累依托数据探索事物本质、关联和规律的活动经验。

第二章

新课程教学设计概论

第一节　新课程教学设计理论概述

教学设计作为教育科学中的一门学问，是受一定的教育观念支配的。教育观念并不是静止的、一成不变的，它是社会发展对教育的需求以及教育自身发展的集中体现。现代社会发展到信息时代，社会需求日益发展，教育观念也随之有了很大的变化和更新。教学设计是在满足信息社会对教学效率、效果等急切的需求中应运而生的，它是以现代教育观念为指导思想的。

一、教学设计的由来和发展

教学设计的历史发展与其他学科的发展一样，大体上经历了构想、理论形成、学科建立等几个阶段。

对教与学的活动进行计划和安排是历来有之的。早先，人们把主要精力放在分别探索学习机制和教学机制上，对教学过程中涉及的教师、学生、教学内容、教学方法和手段等各个要素和相互间的关系进行了大量的研究，对整个教学过程及各个阶段的设计、对教学设计各个要素的配置仅仅停留在经验型的传统安排与计划上。但是，人们在实践中遇到了许多对这些要素如何协调、如何控制的问题，从而萌发了一些科学地进行教学计划——教学设计的原始构想。今天，有的学者认为最早提出这种构想的先驱是美国哲学家、教育家杜威和美国心理学家、测量学家桑代克。杜威在 1900 年曾提出应发展一门连接学习理论和教育实践的“桥梁科学”，它的任务是建立一套与设计教学活动有关的理论知识体系。桑代克也曾提出过设计教学过程的主张和程序学习的设想。

教学设计作为一种理论和一门新兴的教育科学，却是孕育于第二次世界大战之后的现代媒体和各种学术理论（如传播学、学习与教学理论，特别是系统科学）被综合应用于教育教学的年代里，在教育技术学形成发展的过程中派生出来的。

第二次世界大战期间，美国要在最短的时间里为军队输送大批合格的士兵和为工厂输送大批合格的工人，这一急迫任务把当时的心理学和视听领域专家的视线引向学校正规教育体系之外，从关注当时社会所能提供的一切教育、教学手段转向关注教学的实际效果和效率。心理学家努力揭示人类是如何学习的，提出了详细阐明学习任务（任务分析）的重要性以及为保证有效教学让学生或被训人员积极参与等诸条教和学的原则；视听领域的专家致力于开发一批运用已被公认的学习原理（如准备律、连续原理、重复原理、反复练习律、效果律等）设计有效的幻灯、电影等培训材料。这些都是把学习理论应用于教学设计的实践的最初尝试。

20 世纪 50 年代中期，斯金纳改进和发展了教学机器，以新行为主义心理学的联结学习理论为基础，创造了程序教学法。这种方法以精细的小步子方式编排教材，组织个别化的、自定步调和即时强化的学习。

20 世纪 60 年代初期，程序教学停留在对程序形式及程序系列组成的研究上，到中期便转移到对目标分析、逻辑顺序等问题的研究上，要求程序教学的设计者根据教学个体来配置刺激群与反应群的关系，把注意力集中到最优的教学策略上来。这一时期，由于系统科学已被引入教育领域，教育技术也已发展到系统技术阶段，系统研究教学过程的思想逐步得到人们的注意。人们开始冲破把程序教学作为一种技术来研究人—机关系的限制，而借助程序教学和教学机器全面地探讨教学的全过程，对教学目标、教学效果、各种媒体的作用及相互关系、各种教学要素之间的相互关系以及怎样对教学进行系统分析、怎样才能优化教学全过程等一系列问题做了大量的研究和实践工作。在程序教学运动中出现了一些利用系统过程的模式，但当时并未认识到试验和修改过程对程序教学成功所作的贡献。另外，1965 年西尔弗在军事和宇航事业中应用一般系统理论创造了一个很复杂又很详细的设计过程模式，这一模式也颇有影响。可以说，教学设计的思想和理论正在孕育之中。

20 世纪 60 年代后期，许多教育家和心理学家通过众多的教学试验，越来越发现决定教学（学习）效果的变量是极其复杂的，要设计最优的教学过程，最初教学目标的设定和控制教学目标指向与各种变量的操作是十分重要的，并且确认只有引入系统方法进行设计操作，才可能做到对教师、学生、教学内容、教学条件等各种教学要素进行综合、系统的考虑，协调它们之间错综复杂的关系，制定出最优的教学策略，并通过评价、修改来实现教学过程的优化。另外许多教育、心理学方面的专家从不同方面、不同要素对有效教学进行探索，陆续提出的关于教育目标分类和学习目标的编写（代表人物有布卢姆、马杰等）、学科内容组织和任务分析及学习条件（代表人物有加涅、西摩和格莱泽）、视听媒体和其他教学技术的作用（代表人物有戴尔、芬恩）、个别化教学［凯勒的个别化教学系统（PSI）和波斯特斯威特的导听法（ATS）］和评价（布卢姆等）等各种理论为教学设计理论的建立和发展也做了铺垫工作。从此，人们将教学过程分散的、割裂的研究在系统思想的指导下统一了起来，各种有关的理论也被综合应用于教学过程的设计之中。人们利用系统方法对教学各要素作整体性探索，揭示其内在本质联系，进行了大量的系统设计教学的实际工作，形成和提出了对教学进行设计的系统过程理论，并创造了教学设计过程的模式。最早以“教学开发”这一特定词命名的模式发表于1967年，它是美国密歇根州立大学为改进学院的课程，在巴桑博士指导下进行的“教学系统开发”一个示范和评价的项目研究中提出的。它因是当时很少几个提到评价的模式之一而很著名。还有1968年戴尔在美国俄勒冈州高等教育系统的教学研究部创造了另一个经典的模式，其特点是提出模式的两种表现形式：简单形式便于和用户交流，复杂形式含有详细的操作部分是设计工作者所需要的。这一模式到1971年被发展为IDI模式（工程质量潜在缺陷保险模式），且被广泛利用（在本章第四节中将有介绍）。

综上所述，到20世纪60年代末教学设计便以它独特的理论知识体系、结构而立足于教育科学之林。

自20世纪70年代以来，教学设计的研究已形成一个专门的领域，成果日益丰富。至今教学设计的理论著作和各种参考文献已举不胜举，如加涅和布里格斯的《教学设计的原理》、肯普的《教学设计过程》、罗米索斯基的《教学设计系统》、克内克等的《教学技术——一种教育的系统方法》、赖格卢斯的《教学设计的理论与模型》和布里格斯的《教学设计程序的手册》等都系统地介绍了教学设计的基本原理和基本方法；在教学设计实践中创造的教学设计过程模式也有数百种之多；在许多发达国家，教学系统设计已成为教育技术学科领域中重要的专业方向，如美国教育技术的博士、硕士学位课程设置中就有40%以上是与教学系统设计有关的；教学设计也被大面积地应用于教育教学系统，并已成为提高教学质量，教学改革深入发展的一大趋势。我国自20世纪80年代中期以来，也在积极地开展教学设计的理论研究，并正致力于把教学设计理论与我国教育教学实践相结合。

二、教学设计五种概念的交替发展

教学设计思想的形成和发展中存在着以下五种交替的概念。

1. “艺术过程”的概念

教学设计是一个艺术过程的概念，是受传统教学观影响产生的，即认为教学是艺术，教师是艺术家，教学设计是教师的任务，不同教师执行同一教学任务，教学设计是不可能一样的；另外，教学设计过程中对各种媒体材料，特别是电影、电视、幻灯片、照片、图表等的设计，为了能引起和保持学生的注意力，必须采用艺术表现的方式来达到目的，所以设计也是一个艺术创作过程。这种概念会影响人们对教学设计成果与过程的研究和评价，也会影响设计人员的训练方法，但它给予我们的启示是设计人员只有知识、资格和经验是不够的，而应该具有更好的艺术素质与创造性。

2. “科学过程”的概念

教学设计是一个科学过程的观念也有很长和很复杂的历史。早在19世纪初，夸美纽斯和赫尔巴特就提出过“教育科学”的观点。设计是“科学过程”的概念的早期探讨和研究却是与程序教学直接相连的，1954年，斯金纳在《学习的科学和教学艺术》中也定下了科学过程的基调，并在程序教学中利用联结学习理论来安排教学材料、教学步骤。为了保证有效的教学，教学设计者一直企图为他们的设计工作找到科学基础。他们把教学设计分为宏观和微观两个层次，宏观教学设计中把科学合理的决定建立在比较型的经验研究基础上，对两种媒体或两种方法的处理进行比较，但由于涉及的变量太多，始终未提出满意的设计建议；微观教学设计关心知识概念、技能和某种思想的传播，教学理论、学习理论被引入以保证微观决定的科学合理性。现代认知心理学的迅速发展为教学设计提供了更为有用的科学观点，但是，作为科学过程的概念还要依赖教育、教学、心理等教育科学的进一步完善。

3. “系统工程方法”的概念

由于教学是一个涉及人这个因素的非常复杂的过程，它很难像自然科学那样［例如，对条件A，实施某一运算f，就必然得出结果$b=f(a)$］有固定的因果关系。对教学设计者来说还没有这样的经验证据，即某一科学决策必然取得最优的教学效果。这些局限性在20世纪60年代则变得更加明显，当许多实践者用工程学的方法代替科学方法时，人们很快发现按科学原理设计的项目开始不一定奏效，而用工程学的方法，设计人员发现他们几乎不懂得关于学习是什么，但却可通过改进性的测试来提高他们的设计水平。系统方法从工程学中被引进和采纳到教学设计中，使教学设计不仅在理论上有了科学根据，同时也找到了科学设计运行的实际操作方法，通过系统分析和不断测试提供的反馈信息来使科学设计的教学达到预期效果。

4. “问题解决方法”的概念

随着教学设计的方法、技术的日益丰富和复杂，随着教学设计任务的增多，领域的扩大，需要并出现了专门的教学设计人员，他们应用目标分类、需要分析、学生预测、评价和修改等技术去改进原有的课程计划或建立新的专业计划或开发新的学习材料。因此，他们非常关心原来的教学失败在哪里，教学问题是什么，他们从实践中体会到只有真正地抓住问题所在，才能着手有效地解决它。

强调教学设计是问题解决方法的优点在于它以鉴定问题开始，通过选择和建立解决问题的方案，试行方案和不断评价、修改方案从而达到解决问题的目的。一方面，把精力和注意力集中放在真正需要解决的教学问题上；另一方面，它在需求分析的基础上，提倡创造性地研究问题，要列出每一种可选方案的优缺点，反复思考，不过早下结论，这样做对全面探讨各种方案，抑制某些不成熟的方案和建立优化方案是很有用处的。

作为问题解决的过程教学设计可分为问题的发现、问题的组成和问题的解决以及评价的实施和最终的程序化三个部分，其中问题的发现是创造性教学设计的标志。

5. “强调人的因素”的概念

教学设计任务的发展对教师和设计人员提出的素质要求越来越高，他们个人的教育价值观和标准，他们的事业心和态度，他们的生活经验和合作技能，他们获得反馈的能力、写作能力以及对教学方案和教学产品的想象能力等都对设计质量有很大的影响。因此，教学设计中若不对人的因素给予相当的重视，则一定会失败。教学设计要做好，首先应抓好对教师和设计人员的培养。

以上论述的五个概念并不是完全割裂的，它们是在不同阶段，从不同侧面、不同角度来描述教学设计的过程的，并在教学设计发展历程中交替和统一。例如，教学艺术过程并不像纯艺术那样随意，而是建立在教育科学之上的艺术，使艺术和科学达到一定的统一；系统工程的方法使科学、艺术的教学设计找到了操作这一复杂过程的实践程序；问题解决的方法则把教学设计带入更为广阔的空间，给教学设计武装了新的、创造性解决问题的思想方法；强调人的因素这个观点则进一步提醒我们教学设计技术的复杂性、重要性和教学设计人员的素质培养对高质量教学设计的重大影响。

教学设计理论就是在艺术过程、科学过程、系统工程方法、问题解决方法和强调人的因素这几种概念不断替换、交融之中统一和发展起来的。

三、教学方法革新的知识观背景

从某种程度上讲，传统教学的种种弊端有其深刻的知识观，基本是传统知识观的必然产物。知识观是指人们对什么知识最有用和掌握什么样的知识的根本看法，不同的知识观会形成不同的教学观、课程观。

当代最著名的认知心理学家皮亚杰认为，“知识是主体与环境或思维与客体相互交换而导致的知觉建构，知识不是客体的副本，也不是由主体决定的先验意识”。这就意味着，知识是一个动态的发展过程，不是主体对客体的静态反映，而是主体在实践的基础上对运动、变化、发展着的客体的动态认识，是主观对客观能动的理性把握。这种新知识观实质是建构主义的知识观，它认为知识是人们对客观世界的一种解释、假设或解说，不是问题的最终答案，必然随着人们认识程度的深入和人类的进步而不断地发展，并随之出现新的解释和假设。知识依赖于具体的认知个体的存在，具有个人性。对于同一个事件、同一种问题，不同的人有不同的理解，这源于个体学习者以自己的经验背景和特殊情境为基础对之进行理解。知识需要针对具体问题的情境，对原有知识进行再加工和再创造，不可能绝对精确地概括世界的法则。新知识观揭示了长期被传统知识观所掩盖的知识的文化性、情境性、价值性、建构性。在新的知识观下，为了形成知识，个体的学习方式、教师的教学策略就应发生一定的变化。

在倡导新知识观的今天，我们提出在课堂中运用“探究—创新”教学策略，通过以学生为主体的探究活动，帮助学生在解决问题的过程中活化知识；通过对大量认知工具的运用，培养学生的创新思维，增强学生的学习能力；通过在一定的教学情境中，由学生建构自己的知识系统，最终促使学生得到全面发展。

四、教学设计的理论基础

从学科性质上来看，教学设计基本上属于应用类学科。与教学设计相比，教育学和教学论是发展历史比较悠久的学科，它们着重研究教育教学方面的客观规律。经过近几十年的发展，这些学科的理论研究已经渐渐由单纯的哲学思辨转变为以学习心理学为主要理论基础来研究教育教学的客观机理。教育学和教学论虽然以心理学为基础，但并不将学习的心理机制作为其研究对象。而学习理论的任务是探索人类学习的内部机制，着重研究学生学习的内部心理因素。这两方面的基本理论不同程度地为解决教育教学问题，为制订和选择教学方案提供了关于教学机理和学习机制的科学依据。所以说，教学设计的理论基础不可避免地要包括教与学的理论。

由于学习理论和教学理论的发展不是同步的，因此，旨在应用现有理论和方法解决教学问题的教学设计就必须同时关注这两方面理论的最新发展，将最新的理论成果应用于解决教育教学问题。

与教学设计形成对比的是，教与学理论关心的是“是什么”的问题，即教学规律是什么，学习机制是什么等。而教学设计则关心的是“怎么做”的问题。理论按性质可分为规定性理论和描述性理论两大类。描述性理论揭示事物发展的客观规律，而规定性理论一般是以描述性理论揭示的客观规律为依据，关注达到某种理想的结果所采用的最优方法。教与学理论中更多的是描述性理论，而教学设计中更多的是规定性理论，它规定了为达到某种教学目标，在一定的教学条件下如何去选择和确定最好的教学策略。

1. 学习理论对教学设计的指导

由于研究者的哲学观点和研究方法不同，当代学习理论分化为两大学派：行为主义学派和认知学派。行为主义者认为人类的心理行为是内隐的，不可直接观察和测量。可直接观察和测量的是个体的外显行为。他们主张用客观的方法来研究个体的客观行为，并提出“心理即行为”的观点。他们认为，如果给个体一个刺激，个体能提供预期的反应，那么学习就发生了。这就是著名的刺激—反应（S－R）联结公式。行为主义特别强调外部刺激的设计，主张在教学中采用小步子呈现教学信息，如果学生出现正确的反应就及时予以强化。虽然行为主义将从动物的机械学习实验中所得出的结论不加任何约束地应用于教学的做法后来受到了许多严厉的批评，但行为主义学习理论中重视控制学习环境、重视客观行为与强化的思想、尊重学生自定步调的个别化学习的策略至今仍具有指导意义。特别是在行为矫正（态度的学习）方面，行为主义的贡献是其他学习理论所不能比的。

总体来说，认知学派对教学设计的主要启示包括学习过程是一个学习者主动接受刺激、积极参与意义建构和积极思维的过程。它包括三个方面：

（1）学习受学习者原有知识结构的影响，新的信息只有被原有知识结构所容纳（通过同化与顺应过程）才能被学习者所学习。

（2）要重视学科结构与学习者认知结构的关系，以保证发生有效的学习。

（3）教学活动的组织要符合学习者信息加工模型。

因此，教学设计过程要特别重视学习者的特征分析、学习内容的分析，确保学科结构与学习者的认知结构的一致性，按照信息加工模型来组织教学活动。

2. 教学理论对教学设计的指导

教学与学习联系紧密但却是完全不同的两个研究对象。学习理论虽然为教学设计提供了许多有益的启示，但它本身并不研究教学。揭示教学的本质和规律是教学理论的任务。要进行教学设计，不但要有正确的学习观，还要对教学规律有清晰的认识。教学设计离不开教学理论的指导，同时教学设计这门学科的产生也是教学理论发展的需要，教学设计理论的发展反过来也会为教学理论的发展提供科学依据。从这一点来看，教学设计研究者应特别重视教学系统的实效性研究。

3. 传播理论对教学设计的指导

传播理论的研究范围很广，它探讨的是自然界一切信息传播活动的共同规律。传播理论虽然不单纯研究教学现象，但我们可以把教学过程看成信息的双向传播过程，包括信息从教师或媒体传播到学生的过程和信息从学生传播到教师的过程，也即师生人际交流的过程（当然教学过程不只存在师生交流这一种交流活动）。这样我们就可以利用传播理论来解释教学现象，找出某些教学规律。

传播理论对教学设计的一大贡献是它的信息传播模式（见图 2－1－1）。我们知道，师生之间的有效交流是教学成功的必要条件之一。从下面这个信息传播模式图我们可以看出，在师生交流过程中，信息的传播会受到这样那样的干扰。例如，在课堂教学过程中，如果教师口齿不清或存在噪声，就会使学生很难准确接收教师所讲述的内容。这种干扰存在于信道。如果教师的语言组织不当或媒体设计不当，那么有可能会造成词不达意，传播了不准确甚至有错误的信息。这种干扰存在于编码过程。如果学生的阅读能力不够强，那么他将很难从语言材料中获取有效信息。这种干扰存在于译码过程。从传播的角度来看，教学设计者要能够预见到可能的干扰并利用有效手段消除传播过程中的干扰。

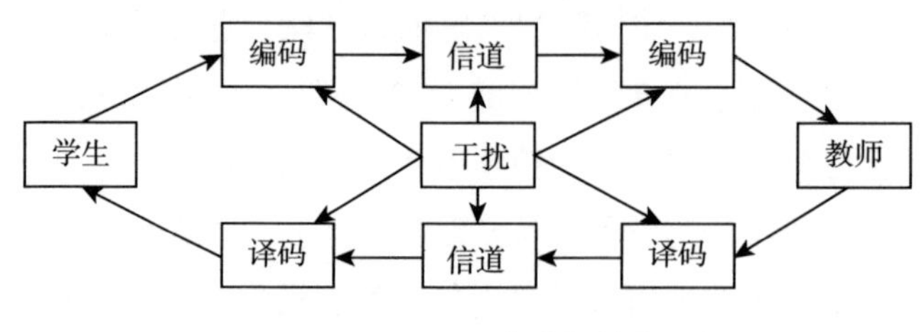

图 2－1－1　信息传播模式

五、教学设计理论的介绍

教学设计是以整个教学系统、教学过程为研究对象的。按照信息论的观点，教学过程是一个信息传播，特别是教育信息传播的过程，这个传播过程有其内在的规律和理论，所以教学设计应以人们对传播过程的研究所形成的理论——传播理论作为理论基础；教学设计又是对教和学双边活动进行设计，它是以人类学习的心理机制为依据探索教学机制，建立能合理规划和安排教学全过程的理论与程序，所以学习理论和教学理论同样是教学设计的理论基础。下面分别加以阐述。

1. 加德纳的内省智能理论

加德纳的多元智能理论认为每个正常人都拥有九种智能，大多数人都可能将任何一种智能发展到令人满意的水平。内省智能是九种智能中的一种，它是指一个人自知与自处的能力，能统整自我内在的世界，尤其是情感与情绪的辨识和调整；或指接近自己内在的生活情感的才能，是对人的内心世界的认知。一个具有良好内省智能的人，能较好地把握自己，并且对自己有积极的看法，善于分辨自己的心理状态，知道自己的长处和短处，正确理解自己，能够计划和解决实际问题。内省智能的核心要素包括意识到自己的心理活动及其原因，理解他人的思想、情绪、情感以及依据对自己的认识和对他人的理解指导自己的行为。它对确定自己的工作目标、调节自己的情绪以及应对困难都起着重要的作用。

根据内省智能理论，学生自评学习活动表现就是发展学生的内省智能，使学生学会把握自己的学习活动，了解和认识自己学习活动中表现出来的优点和缺点，正确理解自己的学习活动，客观地评价自己的学习策略、学习动机、学习态度，从而达到促进学生个体发展的目的。

为此，多元智能理论可以作为评估学生智力过程的理论依据，并由此构成学生评价改革的重要因素。

2. 心理学的元认知理论

从教育心理学的角度来看，学生学习活动表现与元认知有着非常密切的联系。元认知（metacognition）是教育心理学的新概念，弗拉维尔于20世纪70年代首次提出，又称反省认知，或称自我调节（self-regulation）的机制。弗拉维尔认为："元认知是个体对自身的认知过程及其产物的了解。"加涅认为，元认知是处理问题、监控自身行为的一般性技能，它能使个体对自身的操作作出有益的反省和考察。也就是说，元认知是对自己认识活动的认识，是认知主体对自我认识活动的一种自我意识、自我体检，促使个体对自我进行反省、反思。在学生的学习过程中，代表元认知能力的操作包括对自己的处境已经知晓了哪些及尚未知晓的又有哪些；对自己的行动结果及其正确性的估计；事先规划及有效配置自身认知资源与时间；对自己的解答结果和学习努力作出的检测与监视。相关研究表明，不同的学生在元认知方面体现了不同程度的差异，元认知比较健全的学生学习活动表现令人满意，后进生在学习的过程中明显缺乏自我调控能力，包括学习时间的分配、对测验的准备工作、对课文组织的敏感性。

当学生认识自己、理解自己，并产生学习的需要时，才可能把教师的要求转化为学生的自我要求，教育才会有效。所以通过学生自评学习活动表现，让学生参与评价、参与评价的管理、参与评定结果，使他们产生责任心和使命感，并提高其自我认识、自我设计、自我监督的能力。学生自评学习活动表现是使学生在自己检查自己、自己感受自己、自己监控自己、自己战胜自己的体验中，从他评走向自评，从自评走向自律，从自律走向自觉、自为，逐步走向更高水平的发展。

3. 集体动力理论

集体动力理论认为，"集体动力"指来自集体内在的一种"能源"。这一问题可以从两个方面来分析：首先，具有不同智慧水平、知识结构、思维方式、认知风格的成员可以互补。在合作性的交往团体里，上述不同的学生可以相互启发，相互补充，相互实现思维、智慧上的碰撞，从而产生新的思想。其次，合作的集体学习有利于学生自尊、自重情感的产生。专门研究同辈集体的心理学家史穆克对课堂同辈集体动力学作过分析。他依据学生自尊与自重的态度和学业成绩的变量关系所取得的大量数据总结指出，学生的学业成绩与他们的自尊、自重存在着正相关关系。而学生自尊、自重情感的产生与良好的人际环境有关，学生在学习中感到有信心能胜任，并且能够得到老师和同学的肯定、称赞就有助于尊重需要的满足。他们正确的自我评价和对人的尊重在同辈集体中产生的影响越深，则他们的学业成绩便越好。如果一个学生从同辈那里得到的是沮丧的、消极的反馈，而他每天都要花好几个小时在一个心理上受到很大威胁和十分不愉快的集体中生活，那么焦虑和不安往往会削弱他的自尊、自重和自信心，会大大减弱他为取得良好的学业成绩所作出的努力甚至放弃学习。从集体动力的角度来看，合作教学的理论核心可以用很简单的语言来表述："当所有的人聚集在一起为了一个共同的目标而工作时，靠的是相互团结的力量。相互依靠为个人提供了动力，使他们互勉，愿意做任何促进小组成功的事；互助，努力使小组成功；互爱，人都喜欢别人帮助自己达到目的，而合作最能增加组员之间的接触。"

在"互动—合作"教学策略中，学生不必畏惧教师的权威，也不需要担心个人学习的失败和紧张，同学间互勉、互助、互爱、合作的环境有利于学生产生自尊、自重的情感，这种情感和学生的学业成绩呈正相关关系，可以促进学生的学习，使小组成员形成一个密不可分的整体，从而产生学习的动力，提高学习的效果。集体主义可以促进师生之间的互相尊重和信任、生生之间的彼此关爱和合作，在师生间人格平等的基础上，学生的个性可以得到充分的张扬，潜能得到充分的挖掘，这就为"互动—合作"教学策略提供了深厚的理论基础。

4. 陶行知"教学做合一"的教学方法论

陶行知"教学做合一"的教学方法论主张在做中教、在做中学，要把学习的基本自由还给学生，对学生要做到"六个解放"，让学生可以有一些空闲时间消化所学的知识，学一点自己渴望学的学问，干一点自己高兴干的事情，主动地运用习得的旧知去探索新知；主动地参与学习实践；在学习与探索中去创造新的生活，从而"敢探未发明的新理，敢入未开化的边疆"。陶行知"教学做合一"的教学方法论至少给了我们这样的启示：最好的教学是合作的，是师生共同教、学、做；没有创新型的教师就不可能培养出创新型的学生；师生本无一定的高下，教学也无一定的界限，因此教师要与学生共教、共学、共做、共生活，实现“行”和“知”的统一。

六、相关理论与教学设计的关系

1. 传播理论与教学设计

人类对传播理论的研究于20世纪40年代末开始迅速发展。它的研究内容从原来新闻学所研究的“新闻传播”转移到“信息传播”，探讨自然界一切信息传播活动的共同规律。

传播理论是教学设计的理论基础，可以从以下几个方面来论述：

首先，传播过程的理论模型说明了教学传播过程所涉及的要素。美国政治学者哈罗德·拉斯韦尔1932年提出，1948年在《传播在社会中的结构与功能》一文中又作补充的“5W”公式清晰地描述了大众传播过程中的五个基本要素和直线式的传播模式（见图2－1－2）。

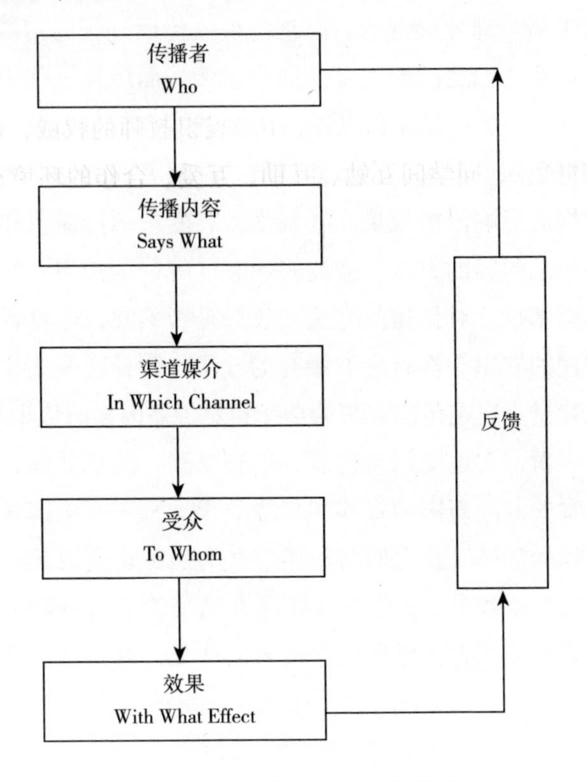

图2－1－2 “5W”模式概述图

运用“5W”公式分析教学传播活动，可以看到教学过程也至少涉及这些类似的要素，具体如下：

Who	谁	教师或其他教学信息源
Says what	说什么	教学内容

布雷多克1958年在此基础上发展了“7W”模型，因此教学传播过程又增加了以下两个要素：

Why	为什么	教学目的
Where	在什么情况下	教学环境

这些要素自然也成为研究教学过程、解决教学问题的教学设计所关心、分析和考虑的重要因素。

其次，传播理论揭示了教学过程中各种要素之间的动态的相互联系，并告知教学过程是一个复杂动态的传播过程。1960年，贝罗在拉斯韦尔研究的基础上提出了SMCR模型（见图2-1-3），更为明确和形象地说明传播的最终效果不是由传播过程中某一部分决定的，而是由组成传播过程的信源、信息、通道和受传者四部分以及它们之间的关系共同决定的，而传播过程中每一组成部分又受自身因素的制约。第一，从信息源（传播者）和信息接收者来看，至少有四个因素影响信息传递的效果：①传播技能。传播者的表达、写作技能，接收者的听、读技能均会影响传播效果。②态度。态度包括传播者和接收者对自我的态度、对所传信息内容的态度、彼此间的态度等。③知识水平。传播者对所传递内容是否完全掌握，对传播的方法、效果是否熟知，接收者原有知识水平是否能接收所传递的知识等都将影响最终的效果。④社会及文化背景。不同的社会阶层及文化背景也影响传播方法的选择和对传播内容的认识与理解。第二，从信息这个要素来看，它也受信息内容、信息要素、信息处理、结构安排和编码方式等各种因素的制约而影响最终的传播效果。第三，从信息传递的通道来看，不同传播媒体的选择以及它们与传递信息的匹配也会引起对人们感官的不同刺激，从而影响传播效果。教学设计正是在这一论点的基础上把教学传播过程作为一个整体来研究，为了保证教学效果的优化，既要注意每一个组成部分（信源——教师、信息——教学内容、通道——媒体、受传者——学生）及其复杂的制约因素，又要对各组成部分间的本质联系给予关注，并运用系统方法在众多因素的相互联系、相互制约的动态过程中，探索真正影响教学传播效果的因素，从而最终确定富有成效的设计方案。

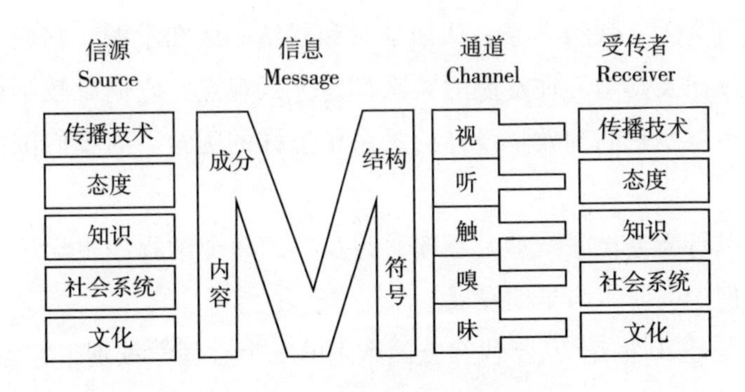

图 2－1－3　SMCR 模型概述图

再次，传播理论指出了教学过程的双向性。SMCR 传播模型中已经加入了反馈，奥斯古德和施拉姆在 1954 年提出的模型也强调了传播者与接收者都是积极的主体，接收者不仅接收信息、解释信息，还对信息作出反应，传播是一种双向的互动过程。因此，新型的控制论传播模型的核心便是在传播过程中建立了反馈系统。教学信息的传播同样是通过教师和学生双方的传播行为来实现的，所以，教学过程的设计必须重视教与学两方面的分析与安排，并充分利用反馈信息，通过反馈环节随时进行调整和控制，以达到预期的教学效果。目前关于教学传播信息流的三向性［教学信息的传递与接收、学生反应信息的传递与接收和知道结果（KR）信息的传递与接收］也是在双向传播理论基础上发展而提出的。

最后，传播过程的要素构成教学设计过程的基本要素，其相应领域如传播内容分析、受众分析、媒体分析、效果分析等研究成果也在不同程度上为教学设计中的学习内容分析、学习者分析、教学媒体的选择以及教学评价等环节所吸收。

目前，传播学的研究仍在不断发展，相信其研究的新成果会给教学设计注入新鲜血液，使教学设计得到更快、更好的发展。

2. 学习理论与教学设计

学习理论是探究人类学习的本质及其形成机制的心理学理论，而教学设计是为学习而创造环境，是根据学习者的需要设计不同的教学计划，在充分发挥人类潜力的基础上促使人类潜力的进一步发展，因而教学设计必须广泛了解学习及人类行为，以学习理论作为其理论基础。

由于人们对人的哲学观点和认识论的不同，当代学习理论存在着三大学派，它们分别是行为主义联结学派、认知学派和联结—认知学派。它们对学习的实质、过程、规律及其与心理发展的关系都是什么观点？它们对教学设计会产生什么影响，也就是它们和教学设计的关系是怎样的呢？下面我们围绕这些问题加以讨论。

第一，以行为主义联结学派心理学为基础的斯金纳程序教学运动促使教学设计过程和理论的诞生与早期发展。

行为主义是20世纪20年代在美国产生的一个心理学派别，它由华生创立，主张用客观的方法研究客观的行为，提出心理即行为和著名的刺激—反应（S－R）联结公式，即刺激得到反应，学习就完成了。他们的“环境决定论”和学生心理（行为）发展中的“教育万能论”都说明行为主义十分重视学习，但他们对学习问题的研究只注意外部现象和外在条件的探索，完全否定了人的内部心理的存在。到四五十年代，以美国斯金纳为代表的新行为主义除表现出依然是“教育是塑造人的行为”的教育在发展中起决定作用的学习观外，还区分出应答性行为和操作性行为。所提出的操作性条件反射理论在心理发展中具有较大的积极意义，主张有效的教学与训练的关键是分析强化效果、设计精密而可操纵的特定的强化方法以控制学习环境。斯金纳在长期研究中又形成了学习和机器相联系的思想，制造了教学机器来实现他“小步子呈现信息”“及时强化”的程序教学。尽管教学机器对教师主导作用的发挥有限，对学生学习动机考虑甚少，但程序教学过程中的耐心、促进主动学习的热情和及时反馈的速度几乎是一般教师所不及的，从而导致了20世纪60年代的程序教学运动。

程序教学的最初阶段主要是讨论程序学习的方式，逐步发展到开始重视作业分析、学生行为目标的分析以及教材逻辑顺序的研究。以后程序教学又开始考虑整个教学过程中更为复杂的因素，设计最优的教学策略，并在实施后作出评价，使程序设计更加符合逻辑。当系统科学被引入教育领域之后，借助程序教学，人们更全面、更准确地探讨起教学全过程，更重视学习目标与学习结果之间关系的分析以及其他各环节之间关系的分析等。不难看出，教学设计的最初尝试已开始运用于程序教学的设计，并为后来发展的教学设计思想提供了基础。同时在程序教学运动中出现了“教学设计者”（尽管当时还没有给予这样的称呼），这种专门人员的出现使得教学设计理论的研究探索有了专业队伍，他们对目标理论、任务分析、个别化教学、媒体选择、形成性评价等一系列设计问题的研究更为深入，他们从事设计的范围也从对教学机器、个别媒体的设计拓展到对多媒体学习乃至对整个教学系统的课程和教育项目的设计上来。这一切都促使教学设计理论得以发展。

尽管程序教学思想对教学设计产生了极其深刻的影响，到20世纪70年代后，程序教学的思想和方法又被广泛用于计算机辅助教学，但是行为主义把人视为消极被动的机械结构，任由环境摆布，否定人的主观能动作用，否定大脑对行为的支配和调节作用，这些都使他们在理论上显得苍白无力，在许多具体问题上难以自圆其说，因此教学设计不得不探求其他派别的心理学。

第二，教学设计吸收各学习理论学派的精髓作为自己的科学依据进行教学设计的实践。

行为主义学习理论中的控制学习环境、重视客观行为与强化的观点以及把知识细分为许多部分，并在学习的基础上重新组织起来和划分教学过程作合理安排等思想至今还被吸取和运用于教学设计的实践。

随着脑科学的发展，人们对心理认知的研究逐渐增多，使心理学中认知学派占据了主导地位，为教学设计提供了更多的科学依据和思想基础。认知学派源于格式塔心理学，它的核心观点是学习并非机械的、被动的S－R联结，学习要通过主体的主观作用来实现。瑞士心理学家皮亚杰提出著名的“认识结构说”，认为认识是主体转变客体过程中形成的结构性动作和活动，认识活动的目的在于取得主体对自然的、社会的、环境的适应，达到主体与环境之间的平衡，主体通过动作对客体的适应又推动认识的发展。他将行为主义的S－R公式改造为S－AT－B（其中T代表主体的认知结构，A代表同化），以强调认识过程中主体的能动作用，强调新知识与以前形成的知识结构相联系的过程，表明了只有学习者把外来刺激同化进原有的认知结构中去，人类学习才会发生。20世纪60年代美国最有影响的认知学派代表人物布鲁纳接受并发展了皮亚杰的发生认识观点，提出“认知发现说”。他认为人的认知活动是按照一定阶段的顺序形成和发展的心理结构来进行的，这种心理结构就是认知结构。关于学习过程他指出，知识的获得不管它的形式如何，都是一种积极的过程，人们是通过自己把新的信息和以前构成的心理框架联系起来，积极构成自己的知识的。他赞同行为主义关于强化作用的观点，但他认为启发学生自我强化更为重要。布鲁纳提出的“知识结构论”和“学科结构论”是他在发展理论的同时付诸实践的主要功绩。他认为要让学生学习学科知识的基本结构，并指出在发展的每个阶段学生都有他自己观察世界和解释世界的独特方式，给任何特定年龄的学生教某门学科，其任务就是按照这个年龄的学生观察事物的方式去阐述那门学科的结构，任何观念都能够用一定年龄学生的思维方式正确和有效地阐述出来。他还指出不应奴性地跟随学生认知发展的自然过程，而应向学生提供挑战性的但是合适的机会，促使学生的信息步步向前。

从以上对认知学派的介绍我们可以看到它们为教学设计带来的主要启示有：

（1）学习过程是一个学习者主动接受刺激、积极参与和积极思维的过程。

（2）学习要依靠学习者的主观构造作用，把新知识同化到他原有认知结构当中，引起原有认知结构的重新构建才能发生。因此学习必须以原有的旧知识为基础来接受和理解新的知识，也只有丰富的知识才能启迪智力的发展，形成良好的认知结构。

（3）要重视学科知识结构与学生认知结构的关系，以保证发生有效的学习。

因此，相应地，在教学设计中，要重视学习的特征分析，以学生原有的知识和认知结构作为教学起点；要重视学习内容分析，充分考虑学科内容的知识结构和学生认知结构的单调性，以保证学生对新知识的同化和认知结构的重新构建顺利进行。教学设计还特别关注教学策略的制定、媒体的选择，以保证学生积极参与，促进有效学习的发生。

美国心理学家加涅吸收了行为主义和认知两大学派的精华，提出一种折中的观点而成为联结—认知学派的代表人物。他主张既要揭示外部刺激（条件）的作用与外在的反应（行为），又要揭示内部过程的内在条件的作用。加涅的突出贡献还因为他致力于把学习理论用于教学实践，并亲自研究教学设计，提出一系列指导教学设计过程的观点。

（1）学习是人的倾向或能力的改变，这种改变能够保持而不能把它单纯地归于生长的过程。人类学习经常具有能够观察的人类行为改变的意思，因此学习是否发生可以通过比较一个人被置于某种学习情境之前和之后的行为表现的改变来推断。学习也可以是那种称为“态度”“兴趣”或“价值观点”的一种改变了的倾向，即在某些情境下以某种方式去行动的趋势，所以学习目标可以用精确的行为术语来描述。

（2）学习结果可分为言语信息、智力技能、认知策略、态度、动作技能五大类。智力技能由简单到复杂，形成学习层次。

（3）学习发生的条件有内部条件和外部条件。认知信息加工程式表明了学习发生的内部过程和所对应的外部教学事件（活动），教学就是安排外部条件，促进学习内部过程。不同的学习任务对应不同的内外学习条件。

（4）学习层次分析法和信息加工分析法。体现这些观点的《学习的条件》和《教学设计的原理》一直是教育技术界、教学设计人员的必读专著。

第三，教学设计本身的理论结构将随着学习理论的发展而趋向更严密、更有效。

历史曾经告诉我们，学习理论的发展使教学设计从萌芽到诞生，从起步走向发展。历史还证明，脑科学的发展使得学习心理学拨开目前的迷雾而逐步走向明朗。但至今为止，采用信息加工的观点来探讨人脑内部的认知过程这样一种间接的研究，仍具有一定的局限性，脑科学仍是一项未竟的事业。相信未来脑科学的继往开来将再次推动学习心理学的发展，而学习心理学的深化也必将把教学设计引向更加成熟。

当然，教学设计作为连接学习理论与教学实践的桥梁，作为把学习理论应用于教学实践的应用科学，其实践的开展也必将促进学习理论的不断发展、升华，二者均会在彼此的发展中相得益彰。

3. 教学理论与教学设计

教学理论是为解决教学问题而研究教学一般规律的科学。教学设计是科学地解决教学问题、提出解决问题的方法的过程。要解决好教学问题就必须遵循和应用教学客观规律，因此教学设计离不开教学理论。

首先，教学设计的产生是教学理论发展的需要。教学理论的发展有着悠久的历史，对古今中外大量材料的分析研究和实践检验已经发现和揭示了许多教学过程中富有稳定性、普遍性的内在本质的联系和客观规律。但是历来教学理论的研究多是只涉及教学过程及其理论原理的个别方面，不能完整地反映整个教学过程，因此在实践中推广和应用这些理论观点时，容易陷入片面。另外，教学理论中新理论、新观点和新方法的层出不穷也带来了一些新问题：它使有些人眼花缭乱，无所适从；有的人则过分迷恋新的教学观点和方法，而忽视继承教学理论发展中的宝贵财富；有些人则孤立地强调教学过程中某一方面的现代化，而忽视教学过程整体结构的平衡。为了克服教学理论研究和应用实践中的不良倾向，为了促进学生个性全面发展，为了提高教学效果，20 世纪 60 年代初，苏联教育科学院院士巴班斯基开始将系统方法作为一般科学方法论引进教学理论的研究，试图以综合的观点，更完整地描述教学过程的组成部分，探讨教学过程最优化的方法。正如前面教学设计历史发展中提及的，人们已认识到尽管教学理论对教学过程各要素都有了明确的总结和认识，但是面对复杂的教学问题与教学过程中各要素的错综关系，还是感到束手无策。教学设计正是应这种需要而产生的，它把教学理论研究的重要范畴即教师、学生、教学目的、教学任务、教学内容、教学形式、方法和教学原则等要素根植于系统形式加以考察、研究和应用。

其次，古今中外教学理论的研究和发展为教学设计提供了丰富的科学依据。教学理论研究范围涉及教学基本原理（包括教学的地位和作用、教学任务和目标、教学过程的本质和规律以及教学原则等）、教学内容（课程与教材等）和教学方法（包括教学方法和手段、教学组织形式、教学评价等）等方面，其研究成果极其丰富。教学设计从指导思想到教学目标、教学内容的确定和学生的分析，从教学方法、教学活动程序、教学组织形式等一系列具体教学策略的选择和制定到教学评价都从各种教学理论中汲取精华，综合运用来保证设计过程的成功。

我国教学理论思想源远流长，古代以孔孟为代表的儒家教学思想至今在教的方法、学的方法以及教与学的关系上仍对我们有许多影响。例如，孔子的“学而知之”“多闻”“多见”“学而不思则罔，思而不学则殆”“举一反三”“循循善诱”“因材施教”“自得”和“循序渐进”等精辟的论断。又如，《学记》中提出的“教学相长”“及时施教”“启发诱导”“长善救失”等原则和“问答法”“练习法”“讲解法”等教的方法以及宋朝朱熹强调的自学自得，学习首先要自己立志、自己下功夫，为学用力须是学、问、思、辨而力行之的学习动机和学习方法。近现代，一些进步思想家和教育家如梁启超、蔡元培、徐特立、陶行知、陈鹤琴等倡导的教学要重视发展儿童的个性，从他们的特点出发，要发挥儿童的主观能动性，培养儿童独立学习能力的主张也对今天我们强调从学生出发和进行学生分析有不少启迪。

国外教学理论的发展首推西方，三个时期的教学理论的发展既有特点又有其继承性和连贯性。萌芽期尽管还没有形成独立体系，但教育家苏格拉底、柏拉图、西塞罗和昆体良已提出和使用问答法、对话式、练习法、模仿等教学方法。近代形成期，捷克教育家夸美纽斯在他的《大教学论》中对教育目的、内容和直观性、自觉性、系统性、巩固性及教学必须适应儿童年龄特征和接受力等教学原则作了比较系统的阐明，并提出了学年制和班级授课制。法国卢梭充分肯定儿童的积极性及其在教学中的作用，并提出观察法、游戏法。德国的第斯多惠提倡发现法，指出不仅要用知识来充实儿童头脑，而且要发展他们的智力和才能，并提出“一个坏的教师奉送真理，一个好的教师则教人发现真理”。还有德国的赫尔巴特和瑞士的裴斯泰洛齐在教学活动程序上的探索等。现代发展期，美国的杜威反对传统的“教师中心”和“课堂中心”，主张“儿童中心”和“做中学”，并提出五步教学法，尽管对教师在教学中的主导作用和系统科学知识的学习有所忽视，但对反对传统教学的弊端很有积极意义。苏联的凯洛夫忽略儿童智力、能力的发展和学生在教学中的主体作用，但他强调教师的主导作用和重视系统科学知识、技能的传授也有其积极可取之处。总之，这三个时期提出的许多教学观点、原则和方法仍可供我们参考、借鉴，并应用于教学设计。

教学设计形成于20世纪60年代末，因此后来发展起来的当代教学理论更加受到青睐，教学设计也更多更直接地从中汲取营养和寻找科学依据。例如，斯金纳的程序教学理论、布卢姆以行为结果作为目标分类依据的教育目标分类理论、掌握学习理论、形成性评价理论；布鲁纳在教学内容上提出以知识结构为中心的课程论思想，在教学方法上提倡引导—发现法和概念获得的教学程序；奥苏贝尔提出有意义学习的观点和“先行组织者”的教学程序；加涅运用信息论提出的由九大教学活动组成的指导学习程序（以上提到的教学程序在第六章均有介绍）。另外，还有苏联赞可夫提出“以最好的教学效果来促进学生最大发展”和“高难度、高速度、理论知识起主导作用、使学生理解教学过程、使全班学生都得到发展”五条教学原则的教学与发展的理论；德国瓦根舍因的范例教学理论独树一帜地在教学内容上坚持让学生掌握从基本概念和基本知识中精选出来的示范性材料，以达到窥一斑而见全豹的效果。我国教育工作者在总结已有的教学实践经验的基础上，在学习当代科学发展新成果并运用到教学领域的过程中，正在摆脱封闭、僵化的状态与克服片面性、绝对化的缺陷，把各执一端的理论融合并辩证地统一起来。正在建立的新的教学理论必然为教学设计的开展提供更丰富和更实用的科学基础。

最后，教学设计与教学理论的相互影响、相互作用必然会促进双方的进一步发展。

由于教学理论是对一定条件下采取一定教学行动后产生的结果的客观总结，因此就每个具体的教学理论来说，是不可能在任何条件下对解决任何教学问题都起作用的，而是有其适用的条件和环境的。教学设计是运用系统方法首先鉴别教学实践中要解决的问题，根据问题的情境，通过比较，选择合适的教学理论作为依据来制定解决问题的策略，试行中还可以调整。这样，教学设计在教学过程中为教学理论应用实践的成功创造了良好的环境。另外，在解决实际教学问题时，会发现有的教学理论有局限、不足之处，也会发现没有合适的教学理论可以借鉴的情况，这样，必然促使人们进一步研究，去改进或建立新的教学理论。而教学理论的完善、充实和创新又必将促进教学设计的发展。

第二节　新课程教学设计的定义

一、教学设计的定义

教学设计是运用系统方法来分析教学问题、设计教学问题的解决方案、检验方案有效性并作出相应修改的过程。我们进行教学设计的根本任务是通过发现、分析和解决教学问题来提高教学系统的效率。教学设计又被称为教学系统设计。我们可以将课程计划、单元教学计划、课堂教学计划、媒体教学材料等看作不同层次的教学系统。因此，大到课程开发，小到媒体材料的制作，我们都需要教学设计的理论和方法。教学系统既是教学设计理论所研究的对象，也是教学设计活动的产物。

教学设计者必须以帮助每个学生有效学习为己任，通过系统地设计教学，保证没有学生处于教育劣势，使每个学生都有机会利用自己的潜能获得令人满意的发展（包括知、情、意多个方面）。这就要求教学设计者首先要了解学生，知道学习是如何发生的，其次要运用和发明各种技术和方法系统地安排学生的外部学习活动，以促进学生内部学习活动的发生，使学生通过学习获得发展。

二、树立生本教育的教学设计理念

传统的教育观念使我们对教育对象的认识受到限制，我们关于课堂教学活动的设计，多着眼于教师，课堂教学主要是以讲授为主，“教学设计的主体思路仍然没有离开‘师本’的框架，是在‘师本’的框架内‘发挥学生的积极性’，‘师生互动’教学仍停留在‘师生交往’‘师生对话’的层次上，没有实现本体性的变革”。新时期我们所需要培养的对象应该是“学会创造、学会学习的可持续发展的人；具有健全的人格、良好的品德、基本知识、完整的实践能力结构和健康身心的完整的人；具有丰富的、良好个性的个性化的人”。生本教育就是以学生为主，为学生好学而设计的教育。课堂中的教学活动主要是围绕学生来展开，使学生通过学习获得一定的知识和技能，教学设计的目的是追求最优的教学效果，教学设计理论强调的是，学不等于教，教也不能代替学，但教必须促进学，要以学生为焦点，为学生服务，以教导学、以教促学。因此，教学设计要充分考虑到学生的主体地位，依据学生的学习需求来展开。

1. **以“为了每一位学生的发展”为唯一宗旨**

新一轮基础教育课程改革把“学生的发展”作为基本的课程理念，“学生的发展”既指全体学生的发展，也指全面和谐的发展、终身持续的发展、活泼主动的发展和个性特长的发展。在此背景下，教师的课堂教学结构设计应体现这一思想，对传统的课堂教学结构进行更富教育意义的设计，为每位学生的发展创造合适的“学习的条件”；要尊重学生的独特差异，在课堂教学结构设计中，要保留一定的时间和机会让学生捕捉、表达自己的感受、体会，为不同学力的学生提供合适的学习时间和支持。教师在设计教学过程时不但要针对不同学习内容设计不同的学习方式、活动方式，还要在同一学习任务中考虑到学生学习方式的差异，让不同的学生有不同的尝试机会。当然，在大班级授课的现实条件下，每个学生自主活动的时间、空间是有限的，加上教学进度与考试评价制度的制约，教师似乎难以给学生太多的选择机会。但是，在设计教学时，还是应该关注这一问题，因为这是求得教学实效并节约学生精力、激发学生兴趣的必然要求。

2. **为学生自主、合作、探究的学习方式提供空间**

传统的课堂教学，学生主要是“听中学”和“看中学”——学生听教师讲解，看教师提供的教具、图片或录像，在听或看的过程中思考记忆。新课程的实施特别要求改变学生的学习方式，确立学生在课程中的主体地位，建立自主、探索、发现、研究以及合作学习的机制。而要真正转变学生的学习方式，教师必须在课堂教学中加以引导、扶持。所以课堂教学结构设计要为学生的自主学习、合作学习、探究学习创造机会，使课堂教学不仅成为学生学会知识的过程，还成为学生形成科学合理的学习方式的训练基地。教学结构设计应当创设一定的情境，提供相应的教学条件，通过教材呈现方式的变革、活动任务的“交付”、教学方式与师生互动方式的变化，最大限度地组织学生亲历探究过程，在动手、动口、动脑和“做中学”“用中学”的协作参与中，发展他们的个性和能力。

3. 以实现“三维目标”为导向

我国传统的课程过于注重知识的授受，学生成了“信息库”，空有大容量的静态的“知识”，遇到实际问题，缺乏解决问题的创造能力。新课程把“过程与方法”作为课程目标之一。具体的教学结构设计要注意培养学生收集和处理信息的能力、获取新知识的能力、分析和解决问题的能力以及团结协作的能力，让学生在活动中、在操作实验或深入实际生活的过程中学习，让学生从自己的直接经验中学习，或者从他人的经验（如对某些事实或现象的介绍资料）中通过再发现来学习。另外，课堂教学结构设计还要渗透情感、态度、价值观的教育，使教学过程不仅是一个完成知识授受的过程，还成为一个蕴含丰富情感、人生哲理教育性的动态过程，使学生在学得知识的同时学会做人，养成健康的心理素质、高尚的审美情趣和科学的世界观、人生观、价值观，成为有理想、有道德、有文化、有纪律的一代新人。

4. 处理好预设与生成的关系

课堂教学结构的设计要把教学过程考虑得细一点，把可能出现的问题估计得充分一点，尤其是涉及多种教育资源的整合时，多一些事前的准备，应该说都是必要的。但是，教学结构方案不是施工的图纸，它在实际操作的过程中，要围绕学生、学情作必要的情境化的调整。一些教师常苦恼于是否完成了教案或是否走完了预定的教学程序，这其实是没有必要的。作为事先的计划或构想，一成不变地得以实现是少有的，大多要作一些调整，更何况在今天大家都强调学生的主体性，强调“一切为了学生的发展”的大背景下，就要围绕“学生的发展”这一核心进行各种教学设计。在学生的发展需要面前，方案、计划可以调整，它们可以因学生的实际发展需要而改变。从这个角度来讲，教师不但要在课堂教学结构设计上下功夫，还应该着力提高自己的教学应变能力，以便在实际教学活动中自如地处理各种“意外事件”。

5. 让学生当课堂的主角

课程不再只是知识的载体，而是教师和学生共同探求新知识的过程。教师与学生都是课程资源的开发者，共创共生，形成“学习共同体”。在这个共同体中，需要师生合作，更需要生生合作。教学成为一个多因素影响下的动态过程，其间矛盾纵横、关系复杂。学生与教学内容之间的矛盾是教学的主要矛盾。教学中的其他矛盾都是在此基础上产生的，即为了解决学生与所学知识之间的矛盾，才产生了教师与学生、教师与教学内容等矛盾，因而它们是从属性的矛盾，是次要矛盾。由此看来，教学的主要矛盾实际上属于学生认识过程的矛盾，是认识主体与其客体之间的矛盾；学生的活动是教学过程中最主要的活动。所以，课堂的主流应该是学生的自主学习，课堂的主人应该是学生，而教师应该退居幕后，做学生学习的组织者、引导者、参与者。课堂教学组织形式要从单一的教师讲授为主的集体授课形式，向以个别学习与合作学习相结合为主的多种教学组织形式的整合转变。

课程标准是新的，教材也是新的，课堂教学不能“涛声依旧”。教师要把课堂还给学生，让他们成为课堂的主人。因此，教师应尝试着进行课堂教学组织形式的改革，主要突出两点：一是尽可能地为学生提供更多的自主合作学习的时空，二是要尽可能为学生提供表现的机会。

教学设计首先要关注、了解学生，充分体现学生的主体作用，教师要从学生的角度出发去设计教学过程，引导学生积极主动地参与到学习过程中去进行自主的学习活动。建构主义学习理论认为，学生学习的过程是个体主动建构知识的过程，学生把外部的信息整合到原有的认知结构中进行加工和改造，建构新的知识。教师作为教学活动的设计者和组织者，只有充分确定学生的主体地位，以学生为中心组织教学活动，在活动中引导学生积极思考、自主学习，使学生成为活动过程的主动参与者，教学活动才能发挥其效果。

三、什么是以学生为中心的教学设计

1. 什么是以学生为中心

“以学生为中心”的观念源于美国儿童心理学家和教育家杜威的“以儿童为中心”的观念。杜威极力反对在教学中采用以教师为中心的做法，反对在课堂教学中采用填鸭式、灌输式教学，主张解放儿童的思维，以儿童为中心组织教学，发挥儿童学习主体的主观能动作用，提倡在“做中学”。杜威在他的教学实验中基本上完全尊重儿童自己的意愿，儿童想做什么就可以做什么，想怎么做就怎么做，教师基本上对学生采用开放式教学方法。虽然杜威的教学实验对教师在教学过程中的主导作用和系统地学习科学知识有所忽视，但杜威的实验成果无论是在当时还是在现在都具有积极的启发意义。

杜威的以儿童为中心的思想在教育界影响很大。将“以儿童为中心”的思想进一步运用于中学和大学教育就成为今天所提倡的以学生为中心的思想了。

"以学生为中心"的对立面便是"以教师为中心"。以教师为中心的教学最明显的特征就是忽视了学生学习主体的作用，通常采用集体的、满堂灌的讲授式教学。相应地，以学生为中心的教学的特征是重视和体现学生的主体作用，同时又不忽视教师的主导作用，通常采用协作式、个别化、小组讨论等教学形式或将多种教学形式组合起来进行教学。是否体现学生的主体作用只是一种隐含的特征。同样一种教学，持不同教学观念的人会得出不同的结论。可能有些人认为，这种教学体现了学生的主体作用，而另一些人可能会认为没有体现出学生的主体作用。判断一种教学是否是以学生为中心的教学的另一个外显特征便是"谁是学生学习外部活动的控制者和管理者"。如果在教学中学生自己负责控制和管理学习活动，那么这种教学便是以学生为中心的，相反则是以教师为中心的教学。

实际上，如果从学生的学习活动的管理角度来看，以教师为中心和以学生为中心是一个连续体上的两个极端。任何教学在实际实施时都处于这个连续体上的某一点。例如，如果学生的主体意识非常强（如大学生）并且也有相当的自律自学能力，那么教学将处于以学生为中心的一个极端。这种情况下，教师的主导作用是非常弱的，甚至即使有，学生也可能不理睬。如果学生的主体意识不强（如小学生）并且自律自学能力很弱，他们将很难有效管理自己的学习，教师的主导作用就要相对增强，最极端的情况是教师完全控制学生的学习活动。这时教学处于以教师为中心的一个极端。对于这种情况，教师要努力增强学生的主体意识和学习能力，使教学向另一极端靠拢。教师要仔细观察学生能力的变化，该放手时则放手。

2. 什么是以学生为中心的教学设计

从以上讨论可知，以学生为中心是用来界定教学活动的，也可以用来界定教学方案。教学设计是教学设计者所从事的活动，就过程和步骤而言是无法用"以××为中心"来界定的。但我们可以从教学设计的结果——教学方案的性质来间接界定教学设计的性质。如果教学设计所得到的教学方案是以学生为中心的，即从方案中所采用的目标及策略来看，充分重视和体现了学生学习的主体作用，那么这种教学设计便是以学生为中心的教学设计，否则便是以教师为中心的教学设计。

如果将教学设计简化地用公式来表示，这个公式可以是

教学设计＝教学观念＋技术/方法

这里的技术/方法不是指教学中使用的教学方法和媒体技术，而是教学设计过程中的分析手段。那么，以学生为中心的教学设计可以用下面的公式表示：

以学生为中心的教学设计 = 以学生为中心的教学观念 + 技术/方法

无论是以什么为中心的教学设计都使用相应的技术和方法来帮助设计者分析问题、确定解决方案和检验解决方案，差别就在于设计者持有什么样的教学观念。不同的教学观念会导致设计者采用不同的教学目标和教学策略，导致不同的教学活动。

那么如何设计出以学生为中心的高中数学教学方案呢？首先要理解教学设计的基本过程是什么样的，这是我们要重点讨论的内容。

因此，高中数学教学设计要依据以下几点：

（1）依据高中数学课程理念，实现“人人都能获得良好的数学教育，不同的人在数学上得到不同的发展”，促进学生数学学科核心素养的形成和发展。

（2）依据高中课程方案，借鉴国际经验，体现课程改革成果，调整课程结构，改进学业质量评价。

（3）依据高中数学课程性质，体现课程的基础性、选择性和发展性，为全体学生提供共同基础，为满足学生的不同志趣和发展提供丰富多样的课程。

（4）依据数学学科特点，关注数学逻辑体系、内容主线、知识之间的关联，重视数学实践和数学文化。

第三节 新课程教学设计的性质和作用

一、教学设计的学科性质

教学设计是一个问题解决的过程，那么，根据教学中问题范围、大小的不同，教学设计也相应地具有不同的层次，即教学设计的基本原理与方法可用于设计不同层次的教学系统。教学设计发展到现在，一般可归纳为三个层次。

1. 以“产品”为中心的层次

教学设计的最初发展是从以“产品”为中心的层次开始的。它把教学中需要使用的媒体、材料、教学包等当作产品来进行设计。教学产品的类型、内容和教学功能常常由教学设计人员和教师、学科专家共同确定，有时还吸收媒体专家和媒体技术人员参加，对“产品”进行设计、开发、测试和评价。

2. 以“课堂”为中心的层次

以“课堂”为中心的设计范围是课堂教学，它是在规定的教学大纲和计划下，针对一个班级的学生，在固定的教学设施和教学资源条件下进行教学设计。设计工作的重点是充分利用已有的教学设施和选择或编辑现有的教学材料来完成目标，而不是开发新的教学材料（产品）。如果教师掌握教学设计的有关知识与技能，整个课堂层次的教学设计完全可由教师自己完成。当然，需要时，也可由教学设计人员辅助进行。

3. 以“系统”为中心的层次

按照系统观点，上面两个层次的课堂教学和教学产品都可看作教学系统，但这里所指的系统特指比较大、比较综合和复杂的教学系统，如个别化学习系统、一所学校或一门新专业的课程设置、职业教育中职工培训方案或一门课程的大纲和实施计划等。这一层次的设计通常包括系统目的、目标的确定，实现目标的方案的建立、试行、评价和修改等，涉及内容面广，设计难度较大。而且系统设计一旦完成就要投入范围很大的特定场所使用和推广。因此这一层次的设计需要由教学设计人员、学科专家、教师、行政管理人员，甚至包含有关学生组成的设计小组来共同完成。

以上三个层次是教学设计发展过程中逐渐形成的方法。当然，我们也可以把教学设计分为宏观和微观两个层次，规模大的项目如议程开发、培训方案的制定等都属于发现层次的教学设计；而对一门具体的课程、一个单元、一节课甚至一个媒体材料的设计都属于微观层次的教学设计。产品、课堂、系统三个层次都有相应的教学设计模式，在具体设计实践中，设计人员可以按照自己面临教学问题的层次，使用相应的设计模式。

二、适应新课程改革的需要

在我国中小学教育中，传统的教育方式——“灌输式教学”“注入式教学”占主导地位，即教师单纯追求“知识传递”，教师向学生讲解，学生听讲、记笔记，教师与学生之间、学生与学生之间在课堂上极少有机会进行互动交流，教师没有时间让学生充分表达自己的观点和想法，或者是在封闭式的课堂中学生变得缺乏自信、缺乏勇气，不敢表达自己的观点和想法，更谈不上去实践、去探究、去做自己感兴趣的事情。由此导致大多数学生专注于读死书，死读书，没有自己的想法，学生处于被动学习的地位。而且传统的教学方法只注重对知识的灌输，忽略了对学生实践能力、创新精神、情感因素等综合素质的培养，由此导致学生高分低能的现象层出不穷。许多学生理论联系实际的能力极差，遇到实际问题不会动手、不会操作，甚至不会思考。因为传统的教育方式使学生失去了思考能力，从而限制了学生的思维，也使学生没有了创新意识。

我国 21 世纪初实施的新课程改革，首要的是课程的改革。从新课程背景下的课程内容来看，我们发现课程内容新颖活泼，注重联系生活中的知识与经验，课程的编排内容“关注学生的学习兴趣与经验，精选终身学习必备的基础知识和技能”，并且注重引导学生主动探索知识的发生与发展。这意味着学生在教学中的主体地位得到了肯定。

由于教师的教学方法是与课程密切相关的，课程的结构、内容的编排影响了教师采用何种教学方法、何种教学策略来上好一节课。面对新课程大刀阔斧的改革，传统的教学方法已经无法适应现有的新课程，教学方式也要发生相应的变革，教师需要转变观念，以学生的发展为出发点，以课程的改革为契机，寻找新的教学方法与教学策略。新课程改革纲要强调促进学生在教师指导下主动地、富有个性地学习。也就是说，教学方式要由传统的以教为主转变为教师与学生互动，尊重学生在教学中的主体地位。

现代教育理论认为，教师和学生是教育活动中的两个基本要素，学生是受教育者，但不完全是被动接受教育的，具有主观能动性。一切教育的影响必须通过学生的主动性、积极性行动才能达到预期效果。实施素质教育要求学校教育着眼于学生学会学习，培养学生的自主学习能力，夯实学生终身学习的基础，培养自主学习者，已成为具有时代特征的教育口号。

《基础教育课程改革纲要（试行）》明确指出："改变课程过于注重知识传授的倾向，强调形成积极主动的学习态度，使获得基础知识与基本技能的过程同时成为学会学习和形成正确价值观的过程。""改变课程实施过于强调接受学习、死记硬背、机械训练的现状，倡导学生主动参与、乐于探究、勤于动手，培养学生搜集和处理信息的能力、获得新知识的能力、分析和解决问题的能力以及交流与合作的能力。""教师在教学过程中应与学生积极互动、共同发展，要处理好传授知识和培养能力的关系，注重培养学生的独立性和自主性，引导学生质疑、调查、探究，在实践中学习，促进学生在教师指导下主动地、富有个性地学习。教师应尊重学生的人格，关注个体差异，满足不同学生的学习需要，创设能引导学生主动参与的教育环境，激发学生的学习积极性，培养学生掌握和运用知识的态度和能力，使每个学生都能得到充分的发展。"新的课程理念倡导全面、和谐发展的教育观，倡导建构性的学习，更强调学生在学习过程中的主体地位和主体人格，这种新的课程理念必然要求教学方式、教学策略相应地有重大改变。

（一）树立"人本化"的数学课程理念

数学同其他学科一样，其教学的出发点也是促进学生健康、和谐、全面的发展，从而为学生的终身可持续发展奠定良好的基础。我国的数学课程标准指出，数学课程应突出体现基础性、普及性和发展性，使数学教育面向全体学生，实现人人学有价值的数学，人人都能获得必需的数学，不同的人在数学上得到不同的发展。

这就是"人本化"的数学课程理念，其基本内容包括以下三个方面。

1. 人人学有价值的数学

作为教育内容的数学，应满足学生未来社会生活的需要，能适应学生个性发展的要求，并有益于启迪学生的思维，开发他们的智力。

任何数学知识都有一定的价值，但对公民的数学素质来说，价值的区别就不同了。就内容来讲，“有价值的数学”应当包括基本的数的概念与运算，空间与图形的初步知识，与信息处理、数据处理有关的统计与概率的初步知识等，还包括在理解与掌握这些内容的过程中形成和发展起来的数学观念与能力，如数感、符号感、空间观念、统计观念、推理能力和应用意识等。

2. 人人都能获得必需的数学

作为教育内容的数学，除了是有“价值”的以外，还必须是每个学生都能掌握的数学，这就是说，课程标准所提供的内容及教学要求是最基本的，是一个最低的“平台”，是所有的适龄少年儿童在教师的引导和帮助下都应该努力掌握的。

每个学生已有的认知结构有差别，能力也不相同，学习的要求和方式也不一样，这就给每个学生的学习赋予了个性化的特征；我们的教育应当让不同的学生掌握不同的数学，使他们各有所得，以便将来解决他们不同的实际困难。因此，我们应让学生在现实生活中发展自己的数学才能，从自己熟悉的生活背景中发现数学、掌握数学和运用数学；在做数学的过程中，体验数学与现实世界的联系，以及数学在社会生活中的作用和意义；在密切联系生活实际的前提下，适当增加估算、统计、抽样、数据的整理与分析、空间与图形等知识，让学生在学习这些知识的同时，能够树立起学好数学的信心。

3. 不同的人在数学上得到不同的发展

数学课程要面向全体学生，让不同的学生在数学学习中都能获得相应的成功。数学课程涉及的领域应该是广泛的，在这些领域里既有可供学生思考、探究和具体动手操作的题材，也隐含着现代数学的一些原始生长点，让每个学生都有机会接触、了解、钻研自己感兴趣的数学问题，最大限度地满足每个学生的数学需要，最大限度地开启每个学生的智慧潜能。数学教育应为学生提供广泛的现代数学分支的原始生长点，为在数学方面有特殊才能和爱好的学生提供适当的、更多的发展机会。这就从根本上决定了数学教育应力争使每个学生都能在数学素养上达到社会的基本要求，这正是新课程标准所期望的。

（二）以数学思想方法为主线促进学生认知结构的优化与发展

数学思想是人们对数学的本质及规律的理性认识，这些思想是历代与当代数学家研究成果的结晶，它们蕴含于数学材料之中，有着丰富的内容，数学思想能将“游离”状态的知识点（块）凝结成优化的知识结构。有了它，数学概念和命题才能活起来，做到相互紧扣、相互支持以组成一个有机的整体。教师在教学中如能抓住数学思想这一主线，便能高屋建瓴，提契整个教材进行再创造，才能使教学见效快、收益大。

数学教育要提高学生的数学素质，不仅要使学生掌握数学知识，而且要使学生掌握渗透于知识中的数学思想方法。学生只有掌握了一些具有普遍意义的数学思想方法，才能够有效地、创造性地解决所遇到的实际问题。世界各国都已认识到数学思想方法的重要性，这一点在各国的数学教育实践中都有十分明显的体现。

三、知识经济时代呼唤创新教育

邓小平指出：“教育要面向现代化，面向世界，面向未来。”伴随着知识经济时代的到来，社会呼唤培养具有创新思维的、能适应社会发展的人。

所谓“知识经济”，是指以知识为基础的经济，其核心是创新。“创新，不仅仅是一种行为、能力、方法，而且是一种意识、态度和观念，有创新的意识，才会有创新的实践。创新意识、创新精神包括了对未知事物的好奇心理、对固有观念的质疑批判意识、尊重事实坚持真理的科学精神以及勇于探索不断进取的人格力量和价值取向等。”而创新的核心是人，是人的创新意识、创新精神、创造能力，只有富有创新精神和创造能力的人，才能在未来社会中立于不败之地。特别是在知识经济的背景下，谁具有创新思维，谁善于创新知识，谁就拥有生存和发展的空间。创新已成为世界上许多国家教育改革的焦点和核心。

然而在我们的教育中，学生缺乏创新能力，也就是说学生对基础知识往往能够比较好地掌握，但探究知识、发现知识和运用知识的能力却有待提高，其根源在于我们传统的课堂忽略了对学生个性发展的培养，如追求课堂上的回答整齐划一，压抑了人的创造性。可见，传统教学不利于学生创造性的培养。

新课程改革的主阵地是课堂，在课堂中教师如何进行创造性的教学成了课程改革成败的关键。教师再也不能停留在传统的满堂灌教法上，培养一批“应声虫”了，而要通过课堂培养具有创新精神和实践能力的人才。通过教育培养人的创造性，实质是在解放人的思维。联合国教科文组织提出“教育即解放”。在提倡个性张扬的时代，为了人的生存和发展，教育者必须通过教育来解放受教育者的个性、独立性，增加受教育者本身固有的价值。

为此，广大教育工作者首要而艰巨的任务是实施创新教育，培养具有创新意识、创新能力、动手能力的学生。“探究—创新”教学策略在所涉及的教学思想、教学目标、教学程序、评价方法等诸多方面，都大大超越了常规教学策略的框架，冲破了传统教育模式的禁锢，其着眼点便是发展学生的创新精神和实践能力。

第四节　新课程教学设计存在的误区

一、新课程课堂教学存在的误区

国家第八次基础教育课程改革正在如火如荼地全面展开，并向纵深方向推进。伴随着这一过程，中小学的课堂教学面貌普遍改观，新的课程理念带来了大批教师教学行为和方式的转变。课堂上，教师更加关注学生的情感体验、生命价值和精神需求。然而，与此同时，一些教师又在新课程的实施中或因缺乏理解，或因操之过急而产生了困惑，迷失了方向，走进了误区，出现了偏差。对此，如果不认真研究并加以纠正，新一轮课改必将困难重重，甚至功败垂成。

新课程实施的环境下，课堂教学中出现了以下几个误区。

1. 主体地位绝对化

众所周知，课堂教学的主体有两个：一是教师，二是学生。新课程实施以来，在倡导和强调主体性的理论指导或舆论背景下，两个主体都有被绝对化的倾向和表现。一方面，一些教师借“课改”之名，行“自由”之实，想怎么说就怎么说，想怎么做就怎么做，上课不认真准备，不精心设计教案，主观随意。有时放手让学生自习，美其名曰“自主学习”；有时又任凭学生谈笑打闹，还称之为“讨论交流”。另一方面，一些教师又孤立地强调学生的主体性，一切迁就学生的兴趣，对学生的学习放任自流，学生学习不指点，学生作业无要求，学生兴趣不引导。这样的课，忽视了教师的作用，降低了教学的要求，丢失了课程的价值。

2. 教学目标模糊化

传统的教学把知识的传授作为最重要，甚至是唯一的目标，显然这是一种错位。而新的课改目标理念在摆正了知识的位置之后，强调获取过程与方法，突出情感、态度和价值观，于是，不少教师就觉得，好操作的已不是最重要的，而最重要的又不知如何贯彻和体现，非常困惑；有的教师则认为，实施新课程应“宁活不死，越活越好”，于是，一节课出现了“满堂问”：是不是？对不对？好不好？你读懂了什么？你想说什么？你体验到了什么？或者是频繁的活动，如安排近10次的讨论，而每次讨论只给学生一两分钟时间；或者是又是讨论又是表演，又是唱歌又是看录像；等等。这些现象表明，有些课在追求浮华中迷失了方向。之所以会这样，主要原因就是教师缺乏目标意识，或者目标意识模糊：不知道课为什么要“活”，不知道为什么要这样教，不知道教了之后学生到底该得到什么，所以上课（特别是公开课）拼命“作秀”，结果“课堂气氛热闹，学生头脑空空”；或者不知道这节课究竟要达成什么样的教学目标，目标似乎很多，又不知如何实现，于是无所适从，课堂上也就随意而为。

3. 手段追求现代化

诚然，在教学改革的潮流中，我们强调革新教学手段，提倡和要求教学手段现代化。但这主要是针对可以现代化的手段而言的，并不是所有的手段都应现代化，也并不是在新课程的教学中，手段越现代化越好。目前，有的教师上课说得很少，而且板书也没有了；有的学校规定，每节课教师都要使用课件和多媒体，以致有的课成了一张张幻灯片的播放，一放到底，把过去的“人灌”变成了现在的“电灌”；有的课堂俨然成了“网吧”，学生各自为阵。在近两年的调研中，我们还发现，在课堂上明明是可以让学生动手操作、亲自实验完成的，结果却被课件的模拟演示所代替；明明是需要学生通过文本描述来实现自我想象、联想、体验与感悟的，却被教师精心制作的多媒体画面同化到一种认知与体验上去；明明只花1分钟就可以在黑板上用粉笔画成的三角形，教师却花几分钟的时间来制作课件，在屏幕上演示。

的确，在教学实践中，一部分教师为了体现现代化，一味地追求运用投影、电脑等手段，而忽略学生的亲自操作、亲自体验，没有给学生留下想象、咀嚼的时间和空间，结果使我们的教学忽视了学生真实的生成状态，远离了教学最朴实、最真切、最有价值和意义的东西。

4. 学习方式探究化

转变学生的学习方式，是国家新一轮课程改革的重点。所以，国家提倡在各科教学中，面向全体学生，开展多样化的探究性学习。然而在研究和尝试转变学生学习方式的过程中，有的教师全盘否定传统的接受性学习，而一味追求探究性学习，这显然走进了误区。目前，可以说探究性学习遍及各个学科，从自然科学到语文、社会、英语、音乐等，从低年级到高年级，不问教育对象、知识内容，盲目探究。

5. **教学内容活动化**

自从实施新课程以来，中小学课堂普遍出现一道新的景观：学生活动多了。这较之传统课堂那种呆板、沉寂的氛围和忽视感性体验、忽视实践操作的做法显然是一种进步，但是无论什么内容，都开展所谓活动，甚至扩大化，则又使教学走进了新的误区。现在有的课堂（包括示范课、比武课）上经常有一些为活动而活动的现象，学生在课堂上一会儿忙这，一会儿忙那，教室里乱哄哄的。但热热闹闹一节课下来，给人的感觉是学生似乎没有学到什么，没有受到什么启发。再一想，学生从头到尾似乎没怎么看书。那么，学生那么热闹是干什么？学生没有体验、没有反思，主体性没有真正发挥，应该说这是一种无效、无价值的活动。

6. **合作学习小组化**

学生的学习是需要通过和他人的交流才能实现的，而交流又必须在合作的共同体中进行。在目前倡导的新的探究性学习方式中，合作是其主要的特征之一。因此，目前很多教师为了体现新课程的理念，都在教学中设计了合作学习。合作学习的目的是激发学生的创造力，培养学生的合作意识、合作技能，培养学生的交流沟通能力，培养学生的团队精神。成功的合作学习，对学生的分析观察、动手实践、思维活动、语言表达都是一个很好的训练。但是在教学实践中，也出现了许多问题，如学生的合作意识不强、合作方法不正确、合作流于形式等。

二、教学设计的误区

误区一：线性的、程序化的教学设计过程模式易屏蔽教学过程的复杂性和动态性，难以解决具体的教学问题。

在一个学科的理论化进程中，模式的建构是非常重要的，这在教学设计的理论研究中，尤为突出。模式的建构一直是教学设计理论研究的核心。截至1990 年，在以教学技术为主的文献中已有数百个教学设计模式问世，这些模式主要以教学设计过程模式为主，它们虽然在教学设计过程的构成要素上、设计层次上和应用范围上有所不同，但也都有一些共同的特性，即注重线性的操作程序，突出循序渐进、按部就班、合理有序、精细严密地运用系统方法对教学目标、学习内容、学习者进行分析，用具体、详细、可观察的行为术语来描述教学目标或学习目标，然后在此基础上选择相应的教学媒体和教学策略，并依据总的教学目标和具体的学习目标编制测试题，进行形成性评价和总结性评价。一般情况下，上述教学设计的一系列步骤和技术，学科教师在很短的时间内就能够全面掌握这一模式中各构成要素的内容、方法及相应的技术，并能够结合自己的教学写出一份符合教学系统设计模式的教案，但在用设计好的教案实施教学的时候，教学情境的动态性、复杂性及不确定性使得设计周密、细致的教案变得流于形式，对于教学中随时可能出现的各种难以预期的教学问题显得无能为力。

我们知道，教学设计过程本质上是一种高度创造性的活动，用从复杂教学系统中抽象出来的简化的、线性的教学设计过程模式指导学生真实复杂的学习过程，一方面，易使教师对教学设计模式机械理解和盲目照搬，屏蔽了教学过程的动态性、复杂性及不确定性；另一方面，大量的教学设计模式易使教师感到无所适从，或简单地盲从于一种模式，不考虑模式的适宜性，使本应活生生的、充满创造性的教学拘囿于按部就班的线性操作程序而变得呆板，缺乏生机和活力。

此外，教学设计过程要求具有多方面的专门知识（如学习理论、教学理论、教学系统设计理论等），这对于普通教师来说是很困难的。教学设计活动同时又包含许多繁杂的、重复性的工作，对于教学、管理任务繁重的中小学教师来说，每天将很多时间花在教学设计活动中繁杂的、重复性工作上，既不可能，也不现实。教学设计的目标是追求有效教学，但这里的有效应该包含效率这个维度，即如何在较短的时间内提高教学的效率和效果。虽然教学设计的自动化研究打开了教学系统设计理论研究和应用的新思路，部分解决了教学设计的效率问题，但要实现仍步履艰难，不是一件易事。因为这是一个涉及多种因素的交互作用的复杂过程，并且教师的教学质量很大程度上要依赖于开发出的系统的质量。即使开发出了真正意义上的教学设计自动化，其灵活性和适应性也是有限的。因为心灵沟通式的、创造性的教育活动最终是由使用机器的人——教师和学生共同创造出来的。

误区二：目前的教学设计理论与方法忽视情感因素对学习的影响，不能有效地促进学生的学习和发展。

进入信息时代，社会对人才素质提出了新的要求，要求信息社会的人才必须具有良好的协作能力、创造性思维能力、解决问题的能力及自主学习的能力。在这样一种时代背景和社会需求下，教学设计的出发点就不能仅仅停留于促进学生的学习，而是要构建能够帮助学生学会学习，使他们学会自主学习，获得自行获取知识和终身持续发展的能力的教学设计理论框架，为更好地帮助学生的学习和发展提供明确的指导理论。

目前比较成熟的教学设计理论与方法强调对学习进行分类，然后针对每一类内容采取相应的内容分析方法对其进行进一步的分解。经过几十年的发展，已经形成一整套针对不同类型学习的内容分析与目标分析方法以及基于目标的内容分析建立的教学策略的选择技术与评价技术，但这些技术和方法主要是针对言语信息、智慧技能等认知类学习的。我们知道，学生的学习虽然主要表现为个体内部的认知加工过程，但这个内部加工过程不是孤立地、自发地进行的，而是在与外界环境的相互作用的过程中发生的。在个体认知加工过程中，个体的动机、情绪、意志等情意因素会对学习的发生、学习过程的持续及学习内容的选择和加工产生重要的影响，由多种成分构成的元认知因素也会对学习的内部建构产生调控作用。正如美国著名的教学设计与培训专家斯皮策所言，“我们不能把学习只看作认知性活动，实际上，学习愿望（desire to learn）绝对是学习的基本组成部分，有效学习的发生取决于以往的学习体验及现有学习情境提供的诱因”。但现有的教学设计理论囿于促进学生认知类学习的理论和方法的研究，忽视了情感因素对学习的重要影响，突出表现为在国内外各类教学设计教材和专著中，很少或几乎没有关于动机设计的理论研究和方法的探索，对学生的元认知和自我调节技能等自主学习能力培养的教学设计方法研究则更是微乎其微。所以，在培养学生的高级认知能力、元认知能力、协作能力和创造性思维能力方面，目前的教学设计缺乏有效的、科学的设计理论和方法体系，难以有效地促进学生的学习和发展。

误区三：基于建构主义的教学设计理论与方法的研究过于关注理论的技术背景，阻碍了理论的应用和实践。

近年来，信息技术的发展，尤其是多媒体、超媒体、人工智能、网络技术、虚拟现实技术所具有的多种特性，特别适合创设建构主义学习环境，即能够表征知识的结构，能让学习者积极主动地去建构知识，甚至为学习者提供社会化的、真实的情境。所以，随着多媒体计算机和基于 Internet 的网络教育应用的飞速发展，建构主义越来越显示出其强大的生命力，不仅已经有一套较完整的学习理论，而且基于建构主义的全新教学设计理论也在逐渐形成与发展。这一理论对于培养学生的合作学习能力、解决问题的能力和创新能力的教学实践具有非常重要的指导意义。但对这一理论的久久“定格”和对其技术背景的过分关注，使很多教学实践者忽略或无视其他业已证明有效的理论和方法的存在及简单媒体的有效性，导致了理论上的“唯我独尊”、教学上的简单思维及实践中的“技术中心”思想。

我们认为，虽然多媒体计算机和网络通信技术的支持的确有利于建构主义思想的实现，但并不是说离开了技术的支持，基于建构主义学习理论的教学设计就无法进行或难以达到良好的教学效果。从根本上来说，教学设计是一种教学的技术，是一种观念形态的技术。提高教学有效性的根本并不在于表面上的现代媒体的使用，其关键在于观念的更新和方法论的科学化。建构主义理论之所以对教育界产生越来越大的影响并被人们逐渐认同，是因为其主张以“学”为中心，在学习过程中充分发挥学生的主动性和首创精神的理念符合现代国际教育改革的主流思想。尽管计算机的能力几乎涵盖了教学的所有方面（讲授、板书、问答、记忆、探索等），但是它的作用的发挥总是与学习环境中其他的组件如课程内容、教师行为、学生活动、学习目标等分不开的。正如 Salomon 描述的那样，“计算机只是一连串反应的导火线，是制作面包的发酵粉”。仅仅存在计算机组成的学习环境，没有精心的问题设计，没有教师的恰当引导，学生无法实现最终目标，也不容易产生有意义的学习。现代信息技术的发展只是建构主义理论出炉的一个催化剂，我们在实际运用建构主义理论时，不应总将目光投在其技术背景上，而应关注这一理论提倡学习过程中充分发挥学生的主动性和首创精神的核心思想。

误区四：目前的教学设计理论体系是封闭的，不能及时反映社会系统的变化和相关学科理论的发展。

教学设计之所以常被称为教学系统设计，是因为教学设计把系统思想和方法作为其指导方法，把教学成效的条件作为一个整体来看待，这个整体就是教学系统。一个教学系统是为达成特定目标而由各要素按照一定互动方式组织起来的结构、功能的集合体。按照系统论的基本思想，当社会系统发生显著的变化时，它的子系统为留存下来必须以同样显著的方式变化。这是因为每一个子系统必须满足它的超系统的一个或多个需要，以使超系统连续地支持它。因此，如果教育系统的超系统（社会系统）经历了系统的变化，那么，教育系统，随后是教学系统设计理论，也需要经历系统的变化，以反映社会系统和教育系统的变化。从理论上讲，教学系统作为社会系统和教育系统的子系统，又由于教学系统设计以多学科理论为基础，又是多学科的应用领域，作为一门尚处于成长期的交叉应用学科，教学系统设计理论框架应是开放的与灵活的，能够深刻和贴切地反映社会系统变化及技术进步所提出的实际需求，能够及时吸收和整合相关学科的理论研究成果，不断发展和完善自身的理论体系。然而，从教学系统设计理论发展的实际来看，目前，在相关学科理论都有了长足的发展时，教学设计理论发展却表现出一定程度的迟滞性和封闭性，突出表现为理论的演进仍停留在教学设计过程模式的不同形式的构建和局部要素的改变上，不能及时反映教学系统外部环境的变化，不能有机地整合相关学科理论研究的成果，特别是学习与认知发展的研究成果。

教学设计理论体系的封闭性导致教学设计理论研究的固化，使教学设计理论在演进的过程中不能及时吸收相关学科领域的研究成果，不能反映社会系统和教育系统的变化对人才培养的新需求。因此，我们认为，教学设计研究的当务之急是构建能够有效地解决教学实践中的具体问题，能够有效促进学生的学习和发展，并能整合相关学科研究成果的、开放的、更加灵活的教学设计理论和方法体系。

在克服传统教学系统设计模式的局限性，构建新型的教学设计理论体系方面，国内外学者已进行了一些理论与实践的探索。美国明尼苏达大学的罗伯特·坦尼森教授认识到了现有教学设计理论的还原理论、线性思维、重视部分。忽视认知系统各要素之间互动关系给教学系统设计所带来的局限性的基础上，提出了“交互认知复合性学习模式”，并以此模式为基础，将复杂性理论引入教学系统设计研究中，构建了非线性的第四代教学系统设计，使非线性的教学系统设计观逐渐被重视。

虽然国内部分学者也逐渐认识到传统教学设计理论存在的诸多局限，并从不同侧面对教学设计理论和实践进行了反思性研究，但在如何解决传统教学设计理论存在的问题，构建教学设计理论新体系方面，国内的原创性研究还比较少。

在对教学设计的最重要的理论基础——学习理论进行深入分析并加以系统梳理的基础上，从促进教学设计理论发展的角度出发，我们尝试构建了TC学习模型。构建此模型的目的在于整合和吸收有关学习研究的最新成果，以形成一个相对于以往的理论而言，观念更完善、程序更精细、体系更完满的学习观念，并在此基础上，建立促进有效学习的教学设计理论框架和相应的教学设计方法。基于TC学习模型的教学设计理论研究框架在积极借鉴和吸收传统教学设计理论研究成果的基础上，将更加重视学习动力系统和策略监控系统的设计，重视多样化的学习活动设计对学习的影响，重视通过多样化的学习活动，为学生提供知识内化和外化的机会和条件，促进学生对知识的理解和建构，在学习活动和学习环境的设计中嵌套和渗透学习的动力系统的激发和元认知技能的培养；并且，为了促进学生高水平的认知加工和培养学生良好的合作学习能力，基于TC学习模型的教学设计理论研究将更加重视学习环境的设计，重视为学生提供丰富的多种表征形式的学习资源，创设能够进行充分的沟通、合作和支持的学习氛围，以支持学生主动地进行建构学习和合作学习，实现对知识全面、深刻的理解。

第三章

新课程教学设计的理念与应用

第一节　新课程的理念

新课程把教学课程看成师生交往、积极互动、共同发展的过程。教学过程是师生分享彼此的思考、经验和知识，交流彼此的情感、体验和观念，丰富教学内容，求得新的发展，从而达到共识、共享、共进的过程。教学不是教师教、学生学的机械相加，传统意义上的教师教、学生学将不断让位于师生互学，彼此将真正形成一个“学习共同体”，把教学本质定位为交往是对教学过程的正本清源。

一、新课程观

新理念是教育实践经验的升华，是教师课堂生活的新感悟，是教师教学反思后的新变化：一切先进的教学改革都是从新的教育观念中衍生出来的，一切教学改革的困难都来自旧的教育观念的束缚，一切教学改革的成功都是新教学理念实践的结果。其具体表现为：

（1）从整齐划一到注重学生的个性发展与创新。

（2）从知识本位的灌输到学生自主学习、全面发展。

（3）从单一、机械的课堂到让学生回归自然、社会实际。

（4）从强调独立分科到重视全面综合。

（5）从评价重选拔到评价促进师生发展。

（6）从封闭保守的教学到开放交往的教学。

新课程的实施，从强调教师、教材，到强调教师、学生、教学内容、教学环境四个要素的整合，课程变成一种动态的、生长的环境，是四个因素相互之间持续互动的动态过程。新课程强调在教学中达到知识与技能、过程和方法，情感、态度和价值观三维目标的和谐发展。

新课程强调情感、态度、价值观，包含丰富的内涵：情感不仅是指学生的学习热情、学习动机、兴趣，更是指学生丰富的内心体验和心灵世界。

态度不仅是指学生的学习态度、责任，更是指学生乐观的生活态度、务实的科学态度、宽容的人生态度。

价值观不仅强调个人的价值，更强调个人价值与社会价值的统一；不仅强调科学的价值，而且强调科学价值与人文价值的统一；强调人类价值与自然价值的统一。

课程的重要作用是赋予学生发展的潜力，让学生发挥才能；培养学生把握命运所需要的思维、判断、想象和创造的能力，培养学生的创新精神和实践能力。

二、新课程的教学观

在传统教学中，教师讲，学生听，教师与学生的交流是单向的。根据建构主义的观点，个人根据自己的经验所建构的对外部世界的理解是不同的，也存在着局限性，通过意义的共享和单调，才能使理解更加准确、丰富和全面。因此，在学生学习中的交流应该是多向的，有效的教学应该讲求师生的有效互动，还应该讲求学生与学生之间的互动。

教学目的是促进每个学生的发展，应以学生为中心，教学是逐步减少外部控制、增加学生自我控制学习的过程。

教师不能无视学生已有的知识和经验，简单强硬地从外部对学生实施知识的“填与灌”，而是应当创设学生学习活动的情境，把学生原有的知识和经验作为新知识的生长点，引导学生从原有的知识经验中生长新的知识经验。教学不是知识的传递，而是知识的处理和转换。

1. 教学就是教师的教和学生的学，二者统一的实质就是交往

交往互动是教学的本质，否则就不是真正的教学。这种交往不仅发生在人与人之间，也发生在人与物之间，是一种多元互动。在教学过程中交往已成为师生共创、共生、共识、共享的基本形式。教的实质在于帮助学生对知识进行加工改造和创造。

2. 教科书是知识的载体，是用来教的媒介，教师不是教教科书，而是用教科书来教

很多需要教的内容是教科书里所无法体现的，教师和学生本身就是一部好的教科书，教师丰富渊博的知识及人格力量，学生蕴藏的巨大学习潜能和激情，本身就是一股强大的教育力量。这种巨大的力量使信息转化、知识内化、情感交融、师生发展。

3. “四因素”过程论

教师、学生、教材、教学环境四个因素不断进行着对话和交流，学生不再是知识的仓库。在课堂上应让他们参与到知识发生的过程、思维的过程、创造的过程中来，教与学完全融合在师生交往的活动中。

4. 赋予学生在教学中的主体地位

以交往互动的教学活动促进学生发展，保底不封顶，促进学生个性充分发展，让学生学会交往，建立积极、和谐的人际关系。教学是一种沟通与合作的活动过程，沟通是合作的基础，沟通教学与生活、社会的联系，拓宽教学的视野。

5. 强调在实践中学习，在探索发现中学习，在合作交往中学习，即进行研究性学习

以培养学生的创新精神和创新能力为价值取向，倡导“活动—体验”模式下的“生成本体论”。

6. 学习是学生从内部自主生成知识结构和提高人生价值的过程

教学是学生在活动中主动参与、自主学习知识、获得发展的过程。

7. 活动是学生探究问题的学习过程，是个性的，也是合作交往的，是认知和情感的，也是实践可操作的

体验是学生直接参与活动带来的成功感受，是真切的、深刻的，是自立自愿的情感渗透和价值态度的自然融合与升华。交流与合作学习关注的是学生情感上的支持和互动，认知上的相互启发和生成，合作共事的精神和能力。

教学的目标在于帮助每个学生进行有效的学习，使每个学生都得到充分自由的发展。教学是以促进学习的方式来影响学生的学习行为的。

十种促进学生学得好的行为：

（1）当学生有兴趣时，学生能够学得好。

（2）当学生身心处于最佳状态时，学生能够学得好。

（3）当教学内容能够通过多种方式呈现时，学生能够学得好。

（4）当学生受到理智挑战时，学生能够学得好。

（5）当学生发现知识对个人发展有意义时，学生能够学得好。

（6）当学生能够自由地参与探索和创新时，学生能够学得好。

(7) 当学生被信任和被鼓励他们能够做好重要的事情时，学生能够学得好。

(8) 当学生对自己有更高的期待时，学生能够学得好。

(9) 当学生能够学以致用时，学生能够学得好。

(10) 当学生热爱、信任教师时，学生能够学得好。

针对以上十种促进学生学得好的行为，教师要确立以下新的教学观：

(1) 帮助学生确立通过努力能够达到的目标。

(2) 教学方式应该服务于学生的学习方式，学生怎样学就怎样教。

(3) 教学要密切联系学生的生活世界，让教学内容与生活世界结缘。

(4) 教师要激励学生，努力完成富有挑战性的学习任务。

(5) 及时反馈，沟通教师与学生、学生与学生之间的信息交流。

(6) 让学生自由地思考，充分发展，给他们想象思考的空间和自由。

(7) 帮助学生去发现学会知识对个人的意义。

(8) 注重让学生理解、探究，而不是让学生记忆现成的结论。

(9) 扩展学生的知识面，提高学生综合学习课程的能力。

(10) 师生平等共处，教师是平等中的首席，营造和谐、融洽的学习气氛。

新教学观的三个注重和四个转向：

(1) 新教学观的三个注重。更注重对学科结构、意识、应用、交流的全面把握，以及在此基础上的实践和创新；更注重自然科学学科与社会科学学科的综合学习与合理结构；更注重知识、能力、态度、情感、价值观的全面和谐发展。

(2) 新教学观的四个转向。从注重学生的外在变化转向注重学生的内在发展；从强调学生学习的结果转向强调学生学习的过程；从单纯的教师的教转向师生共同活动且以学生探究为主的学；从封闭的教学组织形式转向开放的教学组织形式。

三、新课程的学习观

建构主义认为，知识必须通过学生的主动建构才能获得。学习不是由教师把知识简单地传递给学生，学习是一个积极主动的建构过程，每个学习者以自己的原有知识经验为基础对新的知识进行编码，主动地和有选择地知觉外在信息，建构自己的理解，这种建构是无法由他人来代替的。学习意义的获得强调学习者的高级思维技能、问题解决能力、元认知能力和自我控制的学习。也就是说，建构主义提倡对知识的灵活理解，而不是消极地接受。

强调在现代社会中，最有用的学习是了解学习过程，对经验始终持开放态度，并把它们结合进自己的变化过程中。情感在学习中有重要作用，即要发展学生的积极情感，使学生以饱满的热情投入学习。

学习既是学习者个人的建构活动，同时也是学习共同体的合作建构过程。个体的建构活动要在一定的社会文化背景中进行，而且必须与学习共同体的建构相结合。学习者的合作，既能使个体的理解更加丰富和全面，又可使知识达到必要的一致性。教师与学生、学生与学生之间需要共同针对某些问题进行探索，并在探索的过程中相互交流和质疑，了解彼此的想法。也就是说，知识是合作掌握的，学习是学生之间、教师和学生之间相互作用的结果。

从建构主义的观点来看，一节课的学习效果如何，应当首先关注学生学得如何，学生的学习是否有效，依据的是学生是否积极主动地参与学习，以保证自己的主动建构。

四、新课程的教师观

教师在教学中的角色是学生建构知识的忠实支持者、积极帮助者和引导者、促进者、指导者、合作者。

教师不再是知识传递的权威，也不是知识的显现者，教师的作用重在开发或发现复杂的真实问题，必须认识到复杂的问题有多种答案，激励学生对问题解决的多重观点，引导和激励学生积极思考，激发学生通过实验、独立探究等方式来展开他们的建构学习，并尽可能地组织合作学习，并要对合作学习过程进行引导，使之朝着有利于建构的方向发展。教师应该重视学生对各种现象的理解，倾听他们的看法，思考他们这些想法的由来，并引导他们丰富或调整自己的解释。

（一）实现教师的角色转化

1. 实现传授者角色转化

教师作为知识的传授者，在新课程中要改变过去片面强调知识传授的方式，培养学生积极主动的学习态度，使学生获得基础知识、基本技能的过程成为学生学会学习，形成正确价值观的过程。由重传授向重发展转变，由“齐步走”向根据差异因材施教转变，由重“教”向重“学”转变，由重结论向重过程转变，由单向信息传递向立体多向传递转变。

2. 教师应成为教学的研究者

作为教学第一线的教师，最能发现教学中的问题，也有能力对自己的教学进行研究、探索和改进。他们有亲自实践的经验，力图通过自己的研究与努力，并通过与同事的合作，解决教学中遇到的问题。因此，教师要以研究者的心态参与到教学中去，以研究者的眼光审视和分析教学理论和实践中的问题，对教学行为进行反思，对出现的问题进行研究，对获得的经验及时总结，形成规律。没有一个教育家是坐在研究室成为教育家的，只有在教学实践中不断研究、探索与验证才有可能成为教育家。

教师要实现转化，超越提升自己，“授人以鱼，不如授人以渔”，从学习替代者变成学习的引导者，用情感教学代替唯智教学，把学生从学习的机器中解放出来，让学生成为学习活动的主人。

（二）教师是否具有课程意识

在以往的传统教学中，教师只有大纲意识、教材意识，而课程的意识十分淡薄。新一轮基础教育课程改革将课程意识提到了重要位置，强调课程是由教科书、教学材料、教师与学生、教学情境、教学环境构成的一种生态系统，这意味着课程观的重大变革。

课改专家认为，不能把课程仅仅理解为教科书，或教师教学的材料，课程是教师、学生、教材、教学环境四个因素的整合。课程由这四个因素组成，就决定了它是独特的且永远变化的，有多少个班级就有多少种课程，有多少所学校就有多少种课程。课程不仅是文本课程，更是体验课程；课程不再只是知识的载体，而是教师和学生共同探求新知识的过程。每个学生，都带着自己的经验背景，带着自己独特的感受，来到课堂进行交流，这本身就是课程建设，学生从同学身上、教师身上学到的东西远比教科书中学到得多。

课改专家强调，教师和学生是课程的创造者和主体，共同参与课程的开发。从这个意义上说，教学不仅是忠实地实施计划、教案的过程，更是课程创新和开发的过程，教学过程成为课程内容持续生成和转化的过程，这需要教师和学生创造性的劳动。

（三）教师要成为学生学习的促进者

传统的教学模式基本上是教师讲、学生听。教学是什么？教育理论工作者与一线教师经过多年的探索，逐渐达成一种共识：教学是教师的教与学生的学的统一，这种统一的实质是交往。教学是一种对话、一种沟通，是合作、共建，是以教促学、互教互学。教师不仅传授知识，更与学生一起分享对课程的理解。没有交往就不存在真正意义上的教学，把教学的本质定位为交往，是对教学过程的正本清源，它超越了历史上“教师中心论”“学生中心论”“教师主导、学生主体”的观点，不仅在理论上有突破，而且在实践上有重要的现实意义。

改变师生关系，通过交往建立和谐、民主、平等的师生关系，是新课程改革的一项重要任务。那么，教师能否放下尊严和架子，能否从讲台上走下来，能否与学生做朋友，这个变化其实是很难的。但专家认为，在新课程中，教师头脑中要有学生意识，一切为了学生的发展，一切为了学生的成长。不能只考虑教师怎么教，还要考虑学生怎么学，要用体现学生特点的教学方式，关注学生的生活，回归学生的生活世界。

（四）帮助学生自己建构知识

在教学中，教师应当考虑学生在某一个知识方面，已经积累了哪些生活经验，现实生活中哪些经验可以作为本次教学的铺垫，让学生从事哪些实践活动可以活化对这些知识的掌握等；要给学生以时间和空间去操作、观察、猜想、探索、归纳、类比、质疑。而如果教师向学生明示解决问题的方法乃至结论，则不利于学生积极地思维，也不利于学生自己建构知识。

很显然，这种观念是对传统学习方法的一种挑战。现代著名教育心理学家布鲁纳认为：“认知是一个过程，而不是一个结果。”他强调，教一个人某门学科，不是要使他把一些结果记录下来，而是要使他参与把知识建构起来的过程。这种模式的主要特征是教师“讲”得少，学生“想”得多，从追求教科书的结论到注重学生知识的建构。例如，数学课中，教师要尊重学生富有个性的情感体验和思维方式，鼓励学生说自己想说的话，用自己的思维方式解题，而不要把学生的思维纳入既定的仪式，更不能一讲到底，一灌到底，以成人的理解代替学生的感受，教师要起到引导和参谋的作用。

（五）学会指导探究性学习

探究式教学对教师是一种巨大的挑战，如何指导学生快速进入角色，找到很好的切入点便成为最大的难题。

在探究性学习中，教师要创设一定的情境，用丰富多彩的活动充实教学过程，让探究成为学生学习的主要方式。教学中应注意对学生进行发散性思维的训练，鼓励学生大胆猜想，对一个问题的结果作多种假设和预测，教育学生在着手解决问题前先思考行为计划，包括制订计划、选择方法和设想安全措施；注意收集第一手材料，教会学生观察、测量、实验、记录、统计与做统计图表的方法；注意指导学生自己得出结论，教师不要把自己的意见强加给学生。

（六）培养学生的问题意识

在传统的课堂中，几乎是清一色的标准答案，没有问题就是最好的教学。而今天，新课程强调的是要给学生留下问题，没有问题的课不能算是成功的课。

在新课程中，“以问题为中心的学习”是课堂教学的一种新模式。以前，教师认为做题就是解决问题，而新课程强调的是，通过设计真实、复杂、具有挑战性、开放的问题情境，引导学生参与探究、思考，让学生通过一系列问题的解决来进行学习。

“以项目为中心的学习”也是课堂教学的一种新模式，它改变了短促的、单一的、以教师为中心的传统的课堂教学，取而代之的是强调长期的、跨学科的、以学生为中心的学习活动。

首先，这种学习激励学生自主学习，为学生提供了探究问题、解决问题的机会；而且提供了跨学科学习的机会。学生在项目探究的过程中，运用和整合不同学科领域的内容，使学习更有针对性和实用性。其次，这种学习也为教师提供了与学生建立合作关系的机会，师生能围绕项目的实施进行交流和讨论，同时为教师提供了建立与社会联系的机会，家长以及社会团体都有可能参与学生的学习活动。

五、新课程的学生观

建构主义把学生看成发展中的人，教师要用发展的眼光看待学生，认为学生的角色是教学活动的积极参与者和知识的积极建构者。建构主义要求学生面对认知复杂的真实世界的情境，并在复杂的真实情境中完成任务，因而，学生需要采取一种新的学习风格、新的认知加工策略，形成自己是知识与理解的建构者的心理模式。

（一）一切为了学生的发展

“一切为了学生的发展”是新课程的核心理念。它在教学中的表现为：一是关注每一个学生。学生是具有主观能动性的人，是具有强大发展潜力的人，每个学生都应该成为教师关注的对象，而关注的核心就是尊重学生人格，关心学生发展，激励学生成长。二是关注学生的情绪和情感。孔子曰：“知之者莫如好之者，好之者莫如乐之者。”学生在学习过程中必然伴随着成功的喜悦和失败的沮丧，教师的责任就是要教育学生正确对待学习中遇到的困难，帮助学生树立坚定的信心和顽强的意志，引导学生讲究学习的方法，学会学习，走上正确的学习道路。三是关注学生的道德生活和人格培养。课堂不仅是知识传递的殿堂，而且是人格养成的圣殿。如果教学过程不能成为学生道德提升和人格发展的过程，便是教学的最大失败。因此，教师要挖掘教材中具有教育性的因素，特别是注重自己的言传身教，为人师表，帮助学生树立正确的人生观和价值观，使学生的知识与人格都得到提升。

（二）新课程倡导的学生观

1. 学生是发展的人

学生是发展的人指首先要认识到学生的发展是有规律的，教师的责任就在于学习规律、掌握规律，在现实生活中应用规律。其次，学生具有巨大的潜能。教师要相信每个学生都能成才、成功，要相信只要找到因材施教的办法，每一个学生都能够成为有用之才。这就要求教师有耐心、有信心，持之以恒地深入研究学生，找到适合每一个学生发展的方法、途径。最后，要认识到学生是发展中的人，他们发展的过程并非一帆风顺，会有反复，也会有迷惘，教师的责任就在于引导学生走出困惑，走出迷茫。因此，可以说，学生的生活和命运就掌握在教师的手中，教师应感到责任重大。

2. 学生是独特的人

首先学生是完整的人，他们不是学习的机器，他们有思想、有感情，教师应该还给学生一个完整的生活世界，丰富学生的生活，解放学生的时间、空间、双手和大脑，让他们自由地发展。其次，认识差异，因材施教。学生存在差异，其差异的表现又反映在不同方面。教师要承认差异、尊重差异、转化差异，把差异当作财富，因材施教，各展其长；把学生当孩子看，而不要成人化，学生的差异一定是会转化的。

3. 学生是独立的人

学生是独立的人指首先学生是有思想、有个性，具有主观能动性的人，要尊重学生的个性和选择。其次，学生是学习的主体，教师要认识到学习是学生自己的事，教师不能包办代替；要让学生体验获得知识的过程，而不是告知学生现成的结论；让学生获得情感的体验，树立正确的人生观和价值观。

（三）新课程如何促进学生发展

学生的全面发展意味着学生的身心健康成长，学生身体、智慧、情感、态度、价值观和适应社会能力的全面提高，和谐发展。

（1）根据社会发展和学生发展的需要，对学科进行重组与整合，开设丰富多样的课程供学生选择。

（2）新课程目标定位为打好基础，促进发展，培养学生的创新精神和实践能力，培养学生良好的学习兴趣和动机，让学生从学习中获得成功的乐趣和体验。

（3）新课程的实施倡导学生积极参与、乐于动手、勇于探索，培养学生获取信息和新知识、分析解决问题的能力。新课程特别注重学生学习的主体性，注重培养学生自主学习、合作学习、探究学习的能力。

（4）新课程评价的目的是促进师生发展，“创造适合儿童的教育”而不是“选择适合教育的新生”。坚持“多一把尺子，多出一批人才”的观念，制定适合每一个学生发展的课程表。要相信，没有教育不好的孩子，只是没能找到教好他的方法。

（四）学生主体性活动的内容

主体性教学的核心是创造一个适合学生发展的教育教学环境，并以此为依据确定教育内容、教学方法和教学策略。

1. 自主性

自主性即学生作为主体，对自己的活动有支配和控制的权力和能力。学生在教学中的自主性表现为：其一，他具有独立的主体意识，有明确的学习目标和自觉积极的学习态度，能够在教师启发指导下独立地感知教材、理解教材，并运用于实际；其二，学生能够对自己的学习活动进行支配、调节和控制，充分发挥自身潜能，主动地去自主学习，相互研讨，向老师请教，达到自己的学习目标。

教师在教学活动中要放手让学生充分发挥其自主性，为此，教师要做到以下几方面：

（1）在教学活动中要深入了解和研究学生，研究每一个学生的已有知识、学习态度、学习能力等，做到有的放矢。

（2）采取恰当的教育方式和手段，最大限度地挖掘学生潜力。

（3）为学生自主性的发挥创造条件和机会，促进学生主动学习、主动内化和主动发展。

（4）教学中解决好知识分类与学生分层问题，做到因材施教，及时根据他们的差异进行总结、指导。

2. **能动性**

能动性是指学生在教学中自觉、积极、主动地认识客体和改造客体。学生能动性的大小与四个因素有关：其一，已有的学习经验、知识储备的深度和广度影响着学生的学习活动；其二，需要用动机、兴趣、情操来帮助学生选择学习内容和信息，调整努力方向，激活情感、意志；其三，学生学习需要坚强的意志品质来支撑，以排除影响学习的障碍，保证学习活动的进行；其四，创设情境，给学生以成功的体验。

3. **创造性**

创造性表现为以下两个方面：其一是对外在事物的超越；其二是对自身的超越，学习上能举一反三，灵活运用知识，想象力丰富，善于运用所学知识解决遇到的各种问题。

在学生的主体性之中，自主性、能动性、创造性要完整地统一。自主性是核心，能动性是基础，而创造性才是灵魂。

第二节 新课程的改革特点和变革

一、新教材的六大特点

新课程下的数学的基本出发点是促进学生全面、和谐的发展，突出体现了基础性、普及性和发展性，使数学教育面向全体学生，要求实现：人人学有价值的数学，人人都能获得必需的数学，不同的人在数学上得到不同的发展。

1. 新教材注重教学与现实生活的联系

新教材一方面注重利用学生已有的生活经验，拉近课本与实际的距离，使学生对数学知识感兴趣；另一方面及时反映出科学技术研究的新成果，增强教学内容与学生实际生活的联系。

2. 新教材注意体现学生身心发展的规律

教材的内容、例子、呈现方式力求适合各年龄阶段学生的心理特点、个性特点和认知水平，激发学生学习的积极性。

3. 新教材注重培养学生的问题意识

新教材注重引导学生深入钻研、积极发问，提出有价值的问题。激发学生求知的热情，鼓励学生想象与思考。

4. 新教材注重引导学生学习方式的转变

新教材在课程设计上一改过去呆板、机械的学习方式，引导学生进行观察、实践、探索、体验、感悟、合作与交流，学习方式多样化，适合学生的发展。

5. 新教材注重互动

新教材为教师创造性地开展教学和学生发展留下余地，利于师生互动。新教材注重创设、创新、互动的氛围。

新教材改变过去束缚教师手脚的做法，利于教师根据实际，充分发挥个人才能，并且加强了学生活动，促进师生互动、共同发展。

6. 新教材注重三维目标

新教材把知识与技能，过程与方法，情感、态度与价值观反映在教学主题和内容编排中，并把三者有机地结合在一起。

二、新教材的创新与变革

新一轮课程改革推动了新教材的改革。新教材充分体现了新课程的基本理念和要求，特别是呈现方式令人耳目一新，它彻底扬弃了传统的数学教材那种说教、灌输型的方式，代之以活动型、问题型、案例型呈现方式，倡导以“主动、探究、合作”为主要特征的学习方式。

1. 新教材激发学生的学习兴趣

新教材形式活泼新颖，图文清晰精美，文字优美生动，导语引人入胜，有利于激发学生的学习兴趣。

打开一本本新教材，可以发现册册都是图文并茂，色彩艳丽，异彩纷呈，印刷更是极为清晰精美。许多教材都是首次彩版印刷。

2. 新教材克服了“繁”“难”的弊病

新教材在内容总量上进一步删减，难度进一步降低，大大减轻了不必要的烦琐记忆负担，克服了“繁”“难”的弊病。

仔细对比新、旧教材的内容要求，可以明显看出新教材在克服深、难、重的方面取得了重大突破。

3. 新教材克服“学科中心”的倾向，避免了“偏”的弊端

新教材在选择内容时密切联系学习生活，以努力提升学生的生活质量，克服“学科中心”的倾向，避免了“偏”的弊端。

课程要面向生活，也意味着要通过学习进一步提升生活质量，正如地理新教材中所说，“学习地理，为了更好地生活”。

4. 新教材克服了“知识中心”的片面倾向

新教材大大加强了探究式学习和动手实践等各种学习方式的运用，专题学习也受到重视，从而为培养学生的创新精神和实践能力打下坚实的基础，克服了“知识中心”的片面倾向。强调探究式学习，可以说是这次课程改革非常大的亮点之一，也是这次课程改革最难的新探索。从各科教材中所设计的探究活动来看，十分丰富和到位。

5. 新教材促进了课程综合化的发展

新教材加强了学科之间的联系，加强了科学精神和人文精神的渗透与融合，进一步促进了课程综合化的发展。

新教材在加强学科联系方面的努力是明显的，教材内容更有许多是文学、科技等文化发展史方面的内容，自由阅读中不少也是跨学科的资料。

6. 新教材给学生个性发展提供了空间

新教材进一步强化了课程的选择性，允许学生对问题有自己独特的见解，从而为学生留出了充分的有个性的发展空间。

新教材中提供了大量供学生自由阅读的栏目，还有不少供学生课外自选的家庭小实验等。有些教材还在某些具体内容前打上星号，供各地根据具体情况决定是否选用。另外，从总体上说，由于必修课内容总量删减，选修课和综合实践活动课时增加，学生根据自己兴趣和需要选择学习的机会大为增加。

7. 新教材克服了“书本中心”的倾向

新教材充分利用现代网络技术，在教材立体化的方向上又向前迈进了一大步，从而克服了“书本中心”的倾向。

各科新教材大都提供了有关的网站，引导教师和学生利用互联网进一步拓展学习渠道和领域。

8. 新教材实验坚持以课题制形式采用行动研究模式

人教版新教材实验已采用课题制的形式，以改善教育实践为目的，开展课题研究，开创了中国大规模行动研究之先河。

9. 始终坚持在基层改革发展，在借鉴中开拓创新的科学态度

新教材以学生的创新精神和实践能力为重点，以提高学生综合素质为目标，适应现阶段教师和学生的需要，有利于促进教师专业能力和水平的全面提高，有利于促进学生主动地、生动活泼地学习，有利于促进学生的全面发展，是一套崭新的面向全体学生的实验教材。

第三节 高中数学新课程内容及其结构

为了更好地贯彻新课程标准、使用好新教材，进行进一步教学设计，了解和掌握新教材的编写特点是十分重要的。

高中数学课程分为必修课程、选择性必修课程和选修课程。高中数学课程内容突出函数、几何与代数、概率与统计、数学建模活动与数学探究活动四条主线，它们贯穿必修、选择性必修和选修课程。高中数学课程结构如图 3－1－1 所示。

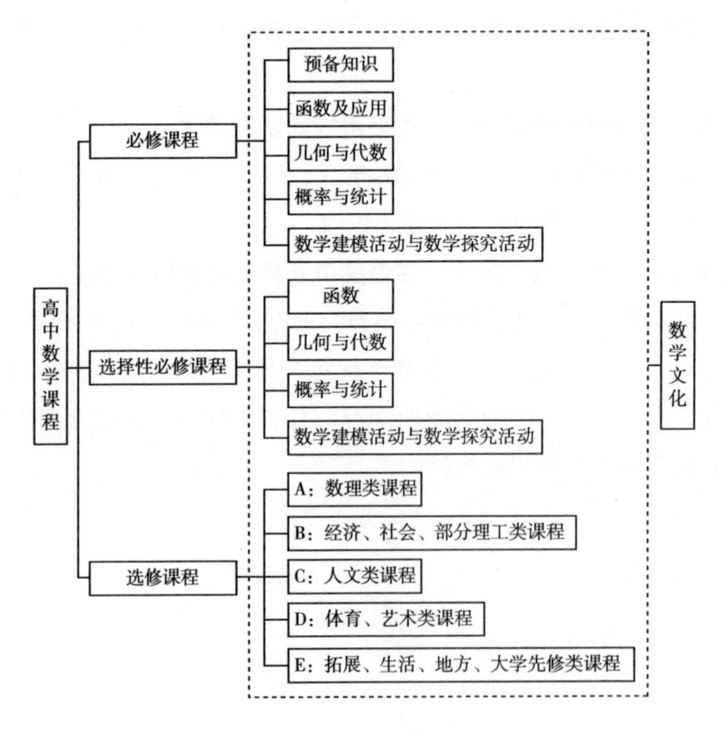

图 3－3－1 高中数学课程

（说明：数学文化是指数学的思想、精神、语言、方法、观点，以及它们的形成和发展。还包括数学在人类生活、科学技术、社会发展中的贡献和意义，以及与数学相关的人文活动。）

一、必修课程

必修课程包括五个主题，分别是预备知识、函数及应用、几何与代数、概率与统计、数学建模活动与数学探究活动（表3－3－1）。

表3－3－1　必修课程课时分配建议表

主题	单元	建议课时
主题一：预备知识	集合	18
	常用逻辑用语	
	相等关系与不等关系	
	从函数角度看一元二次方程和一元二次不等式	
主题二：函数及应用	函数概念与性质	52
	幂函数、指数函数、对数函数	
	三角函数	
	函数应用	
主题三：几何与代数	平面向量及其应用	42
	复数	
	立体几何初步	
主题四：概率与统计	概率	20
	统计	
主题五：数学建模活动与数学探究活动	数学建模活动与数学探究活动	6
机动		6

主题一：预备知识

以义务教育阶段数学课程内容为载体，结合集合、常用逻辑用语、相等关系与不等关系、从函数角度看一元二次方程和一元二次不等式等内容的学习，为高中数学课程做好学习心理、学习方式和知识技能等方面的准备，帮助学生完成初高中数学学习的过渡。

内容包括：集合、常用逻辑用语、相等关系与不等关系、从函数角度看一元二次方程和一元二次不等式。

1. **集合**

在高中数学课程中，集合是刻画一类事物的语言和工具。本单元的学习，可以帮助学生使用集合的语言简洁、准确地表述数学的研究对象，学会用数学的语言表达和交流，积累数学抽象的经验。内容包括集合的概念与表示、集合的基本关系、集合的基本运算。

（1）集合的概念与表示。

① 通过实例，了解集合的含义，理解元素与集合的属于关系。

② 针对具体问题，能在自然语言和图形语言的基础上，用符号语言刻画集合。

③ 在具体情境中，了解全集与空集的含义。

（2）集合的基本关系。理解集合之间包含与相等的含义，能识别给定集合的子集。

（3）集合的基本运算。

① 理解两个集合的并集与交集的含义，会求两个集合的并集与交集。

② 理解在给定集合中一个子集的补集的含义，能求给定子集的补集。

③ 能使用 Venn 图（韦恩图）表达集合的基本关系与基本运算，体会图形对理解抽象概念的作用。

2. **常用逻辑用语**

常用逻辑用语是数学语言的重要组成部分，是数学表达和交流的工具，是逻辑思维的基本语言。本单元的学习，可以帮助学生使用常用逻辑用语表达数学对象、进行数学推理，体会常用逻辑用语在表述数学内容和论证数学结论中的作用，提高交流的严谨性与准确性。

内容包括：必要条件、充分条件、充要条件，全称量词与存在量词，全称量词命题与存在量词命题的否定。

（1）必要条件、充分条件、充要条件。

① 通过对典型数学命题的梳理，理解必要条件的意义，理解性质定理与必

要条件的关系。

② 通过对典型数学命题的梳理，理解充分条件的意义，理解判定定理与充分条件的关系。

③ 通过对典型数学命题的梳理，理解充要条件的意义，理解数学定义与充要条件的关系。

（2）全称量词与存在量词。通过已知的数学实例，理解全称量词与存在量词的意义。

（3）全称量词命题与存在量词命题的否定。

① 能正确使用存在量词对全称量词命题进行否定。

② 能正确使用全称量词对存在量词命题进行否定。

3. 相等关系与不等关系

相等关系、不等关系是数学中最基本的数量关系，是构建方程、不等式的基础。本单元的学习，可以帮助学生通过类比，理解等式和不等式的共性与差异，掌握基本不等式。

内容包括：等式与不等式的性质、基本不等式。

（1）等式与不等式的性质。梳理等式的性质，理解不等式的概念，掌握不等式的性质。

（2）基本不等式。掌握基本不等式 $\sqrt{ab}\leqslant\frac{a+b}{2}$（$a$，$b\geqslant0$）。结合具体实例，能用基本不等式解决简单的最大值或最小值问题。

4. 从函数角度看一元二次方程和一元二次不等式

用函数理解方程和不等式是数学的基本思想方法。本单元的学习，可以帮助学生用一元二次函数认识一元二次方程和一元二次不等式，让学生通过梳理初中数学的相关内容，理解函数、方程和不等式之间的联系，体会数学的整体性。

内容包括：从函数角度看一元二次方程、一元二次不等式。

（1）从函数角度看一元二次方程。会结合一元二次函数的图象，判断一元二次方程实根的存在性及实根的个数，了解函数的零点与方程根的关系。

（2）从函数角度看一元二次不等式。

① 经历从实际情境中抽象出一元二次不等式的过程，了解一元二次不等式

的现实意义。能借助一元二次函数求解一元二次不等式，并能用集合表示一元二次不等式的解集。

② 借助一元二次函数的图象，了解一元二次不等式与相应函数、方程的联系。

主题二：函数

函数是现代数学最基本的概念，是描述客观世界中变量关系和规律的最为基本的数学语言和工具，在解决实际问题中发挥着重要作用。函数是贯穿高中数学课程的主线。

内容包括： 函数的概念与性质，幂函数、指数函数、对数函数，三角函数，函数应用。

1. 函数的概念与性质

本单元的学习，可以帮助学生建立完整的函数概念，不仅把函数理解为刻画变量之间依赖关系的数学语言和工具，也把函数理解为实数集合之间的对应关系；能用代数运算和函数图象揭示函数的主要性质；在现实问题中，能利用函数构建模型，解决问题。

内容包括： 函数的概念、函数的性质、函数的形成与发展。

（1）函数的概念。

① 在初中用变量之间的依赖关系描述函数的基础上，用集合语言和对应关系刻画函数，建立完整的函数概念，体会集合语言和对应关系在刻画函数概念中的作用；了解构成函数的要素，能求简单函数的定义域。

② 在实际情境中，会根据不同的需要选择恰当的方法（如图象法、列表法、解析法）表示函数，理解函数图象的作用。

③ 通过具体实例，了解简单的分段函数，并能简单应用。

（2）函数的性质。

① 借助函数图象，会用符号语言表达函数的单调性、最大值、最小值，理解它们的作用和实际意义。

② 结合具体函数，了解奇偶性的概念和几何意义。

③ 结合三角函数，了解周期性的概念和几何意义。

（3）函数的形成与发展。收集、阅读函数的形成与发展的历史资料，撰写小论文，论述函数发展的过程、重要结果、主要人物、关键事件及其对人类文明的贡献。

2. 幂函数、指数函数、对数函数

幂函数、指数函数与对数函数是最基本、应用最广泛的函数，是进一步学习数学的基础。本单元的学习，可以帮助学生学会用函数图象和代数运算的方法研究这些函数的性质；理解这些函数中所蕴含的运算规律；运用这些函数建立模型，解决简单的实际问题，体会这些函数在解决实际问题中的作用。

内容包括：幂函数、指数函数、对数函数。

（1）幂函数。通过具体实例，$y=x$，$y=\frac{1}{x}$，$y=x^2$，$y=\sqrt{x}$，$y=x^3$的图象，理解它们的变化规律，了解幂函数。

（2）指数函数。

① 通过对有理数指数幂 $a^{\frac{m}{n}}$（$a>0$，且 $a\neq1$；m，n 为整数，且 $n>0$），实数指数幂 a^x（$a>0$，且 $a\neq1$；$x\in\mathbf{R}$）含义的认识，了解指数幂的拓展过程，掌握指数幂的运算性质。

② 通过具体实例，了解指数函数的实际意义，理解指数函数的概念。

③ 能用描点法或借助计算工具画出具体指数函数的图象，探索并理解指数函数的单调性与特殊点。

（3）对数函数。

① 理解对数的概念和运算性质，知道用换底公式能将一般对数转化成自然对数或常用对数。

② 通过具体实例，了解对数函数的概念；能用描点法或借助计算工具画出具体对数函数的图象，探索并了解对数函数的单调性与特殊点。

③ 知道对数函数 $y=\log_a x$ 与指数函数 $y=a^x$互为反函数（$a>0$，且 $a\neq1$）。

④ 收集、阅读对数概念的形成与发展的历史资料，撰写小论文，论述对数发明的过程以及对数对简化运算的作用。

3. 三角函数

三角函数是一类最典型的周期函数。本单元的学习，可以帮助学生在用锐角三角函数刻画直角三角形中边角关系的基础上，借助单位圆建立一般三角函数的概念，体会引入弧度制的必要性；用几何直观和代数运算的方法研究三角函数的周期性、奇偶性（对称性）、单调性和最大（小）值等性质；探索和研究三角函数之间的一些恒等关系；利用三角函数构建数学模型，解决实际问题。

内容包括：角与弧度、三角函数的概念和性质、同角三角函数的基本关系式、三角恒等变换、三角函数应用。

（1）角与弧度。了解任意角的概念和弧度制，能进行弧度与角度的互化，体会引入弧度制的必要性。

（2）三角函数的概念和性质。

① 借助单位圆理解三角函数（正弦、余弦、正切）的定义，能画出这些三角函数的图象，了解三角函数的周期性、单调性、奇偶性、最大（小）值；借助单位圆的对称性，利用定义推导出诱导公式$\left(\frac{\pi}{2}\pm\alpha，\pi\pm\alpha\right)$的正弦、余弦、正切。

② 借助图象理解正弦函数、余弦函数在［0，2π］上，正切函数在$\left(-\frac{\pi}{2}，\frac{\pi}{2}\right)$上的性质。

③ 结合具体实例，了解 $y=A\sin(\omega x+\varphi)$ 的实际意义；能借助图象理解参数 ω，φ，A 的意义，了解参数的变化对函数图象的影响。

（3）同角三角函数的基本关系式。理解同角三角函数的基本关系式：$\sin^2 x+\cos^2 x=1$，$\frac{\sin x}{\cos x}=\tan x$。

（4）三角恒等变换。

① 经历推导两角差余弦公式的过程，知道两角差余弦公式的意义。

② 能从两角差的余弦公式推导出两角和与差的正弦、余弦、正切公式，二倍角的正弦、余弦、正切公式，了解它们的内在联系。

③ 能运用上述公式进行简单的恒等变换（包括推导出积化和差、和差化积、半角公式，这三组公式不要求记忆）。

（5）三角函数应用。会用三角函数解决简单的实际问题，体会可以利用三角函数构建刻画事物周期变化的数学模型。

4. **函数应用**

函数应用不仅体现为用函数解决数学问题，更重要的是用函数解决实际问题。本单元的学习，可以帮助学生掌握运用函数性质求方程近似解的基本方法（二分法）；理解用函数构建数学模型的基本过程；运用模型思想发现和提出问题、分析和解决问题。

内容包括：二分法与求方程近似解、函数与数学模型。

（1）二分法与求方程近似解。

① 结合学过的函数图象，了解函数零点与方程解的关系。

② 结合具体连续函数及其图象的特点，了解函数零点存在定理，探索用二分法求方程近似解的思路并会画程序框图，能借助计算工具用二分法求方程近似解，了解用二分法求方程近似解具有一般性。

（2）函数与数学模型。

① 理解函数模型是描述客观世界中变量关系和规律的重要数学语言和工具;在实际情境中，会选择合适的函数模型刻画现实问题的变化规律。

② 结合现实情境中的具体问题，利用计算工具，比较对数函数、一元一次函数、指数函数增长速度的差异，理解“对数增长”“直线上升”“指数爆炸”等术语的现实含义。

③ 收集、阅读一些现实生活、生产实际或者经济领域中的数学模型，体会人们是如何借助函数刻画实际问题的，感悟数学模型中参数的现实意义。

主题三：几何与代数

几何与代数是高中数学课程的主线之一。必修课程与选择性必修课程突出几何直观与代数运算之间的融合，即通过形与数的结合，感悟数学知识之间的关联，加强对数学整体性的理解。

内容包括：平面向量及其应用、复数、立体几何初步。

1. **平面向量及其应用**

向量理论具有深刻的数学内涵、丰富的物理背景。向量既是代数研究的对象，也是几何研究的对象，是沟通几何与代数的桥梁。向量是描述直线、曲线、平面、曲面以及高维空间数学问题的基本工具，是进一步学习和研究其他数学领域问题的基础，在解决实际问题中发挥着重要作用。本单元的学习，可以帮助学生理解平面向量的几何意义和代数意义；掌握平面向量的概念、运算、向量基本定理以及向量的应用；用向量语言、方法表述和解决现实生活、数学和物理中的问题。

内容包括：向量的概念、向量运算、向量基本定理及坐标表示、向量应用与解三角形。

（1）向量的概念。

① 通过对力、速度、位移等的分析，了解平面向量的实际背景，理解平面向量的意义和两个向量相等的含义。

② 理解平面向量的几何表示和基本要素。

（2）向量运算。

① 借助实例和平面向量的几何表示，掌握平面向量加、减运算及其运算规则，理解其几何意义。

② 通过实例分析，掌握平面向量数乘运算及其运算规则，理解其几何意义。理解两个平面向量共线的含义。

③ 了解平面向量的线性运算性质及其几何意义。

④ 通过物理中“功”等实例，理解平面向量数量积的概念及其物理意义，会计算平面向量的数量积。

⑤ 通过几何直观，了解平面向量投影的概念以及投影向量的意义。

⑥ 会用数量积判断两个平面向量的垂直关系。

（3）向量基本定理及坐标表示。

① 理解平面向量基本定理及其意义。

② 借助平面直角坐标系，掌握平面向量的正交分解及坐标表示。

③ 会用坐标表示平面向量的加、减运算与数乘运算。

④ 能用坐标表示平面向量的数量积，会表示两个平面向量的夹角。

⑤ 能用坐标表示平面向量共线、垂直的条件。

（4）向量应用与解三角形。

① 会用向量方法解决简单的平面几何问题、力学问题以及其他实际问题，体会向量在解决数学和实际问题中的作用。

② 借助向量的运算，探索三角形边长与角度的关系，掌握余弦定理、正弦定理。

③ 能用余弦定理、正弦定理解决简单的实际问题。

2. 复数

复数是一类重要的运算对象，有广泛的应用。本单元的学习，可以帮助学生通过方程求解，理解引入复数的必要性，了解数系的扩充，掌握复数的表示、运算及其几何意义。

内容包括：复数的概念、复数的运算、复数的三角表示。

（1）复数的概念。

① 通过方程的解，认识复数。

② 理解复数的代数表示及其几何意义，理解两个复数相等的含义。

（2）复数的运算。

掌握复数代数表示式的四则运算，了解复数加、减运算的几何意义。

（3）复数的三角表示。

通过复数的几何意义，了解复数的三角表示，了解复数的代数表示与三角表示之间的关系，了解复数乘、除运算的三角表示及其几何意义。

3. 立体几何初步

立体几何研究现实世界中物体的形状、大小与位置关系。本单元的学习，可以帮助学生以长方体为载体，认识和理解空间点、直线、平面的位置关系；用数学语言表述有关平行、垂直的性质与判定，并对某些结论进行论证；了解一些简单几何体的表面积与体积的计算方法；运用直观感知、操作确认、推理论证、度量计算等认识和探索空间图形的性质，建立空间观念。

内容包括：基本立体图形、基本图形的位置关系、几何学的发展。

（1）基本立体图形。

① 利用实物、计算机软件等观察空间图形，认识柱、锥、台、球及简单组合体的结构特征，能运用这些特征描述现实生活中简单物体的结构。

② 知道球、棱柱、棱锥、棱台的表面积和体积的计算公式，能用公式解决简单的实际问题。

③ 能用斜二测法画出简单空间图形（长方体、球、圆柱、圆锥、棱柱及其简单组合）的直观图。

（2）基本图形的位置关系。

① 借助长方体，在直观认识空间点、直线、平面的位置关系的基础上，抽象出空间点、直线、平面的位置关系的定义，了解以下基本事实和定理。

基本事实1：过不在一条直线上的三个点，有且只有一个平面。

基本事实2：如果一条直线上的两个点在一个平面内，那么这条直线在这个平面内。

基本事实3：如果两个不重合的平面有一个公共点，那么它们有且只有一条过该点的公共直线。

基本事实4：平行于同一条直线的两条直线平行。

定理：如果空间中两个角的两条边分别对应平行，那么这两个角相等或互补。

② 从上述定义和基本事实出发，借助长方体，通过直观感知，了解空间中直线与直线、直线与平面、平面与平面的平行和垂直的关系，归纳出以下性质定理，并加以证明。

性质定理1：一条直线与一个平面平行，如果过该直线的平面与此平面相交，那么该直线与交线平行。

性质定理2：两个平面平行，如果另一个平面与这两个平面相交，那么两条交线平行。

性质定理3：垂直于同一个平面的两条直线平行。

性质定理4：两个平面垂直，如果一个平面内有一条直线垂直于这两个平面的交线，那么这条直线与另一个平面垂直。

③ 从上述定义和基本事实出发，归纳出以下判定定理。

判定定理1：如果平面外一条直线与此平面内的一条直线平行，那么该直线与此平面平行。

判定定理2：如果一个平面内的两条相交直线与另一个平面平行，那么这两个平面平行。

判定定理3：如果一条直线与一个平面内的两条相交直线垂直，那么该直线与此平面垂直。

判定定理4：如果一个平面过另一个平面的垂线，那么这两个平面垂直。

④ 能用已获得的结论证明空间基本图形位置关系的简单命题。

（3）几何学的发展。收集、阅读几何学发展的历史资料，撰写小论文，论述几何学发展的过程、重要结果、主要人物、关键事件及其对人类文明的贡献。

主题四：概率与统计

概率的研究对象是随机现象，为人们从不确定性的角度认识客观世界提供了重要的思维模式和解决问题的方法。统计的研究对象是数据，核心是数据分析。概率为统计的发展提供了理论基础。

内容包括：概率、统计。

1. **概率**

本单元的学习，可以帮助学生结合具体实例，理解样本点、有限样本空间、随机事件，会计算古典概型中简单随机事件的概率，加深对随机现象的认识和理解。

内容包括：随机事件与概率、随机事件的独立性。

（1）随机事件与概率。

① 结合具体实例，理解样本点和有限样本空间的含义；理解随机事件与样本点的关系；了解随机事件的并、交与互斥的含义，能结合实例进行随机事件的并、交运算。

② 结合具体实例，理解古典概型，能计算古典概型中简单随机事件的概率。

③ 通过实例，理解概率的性质，掌握随机事件概率的运算法则。

④ 结合实例，会用频率估计概率。

（2）随机事件的独立性。结合有限样本空间，了解两个随机事件独立性的含义；结合古典概型，利用独立性计算概率。

2. **统计**

本单元的学习，可以帮助学生进一步学习数据收集和整理的方法、数据直观图表的表示方法、数据统计特征的刻画方法；通过具体实例，感悟在实际生活中进行科学决策的必要性和可能性；体会统计思维与确定性思维的差异，归纳推断与演绎证明的差异；通过实际操作、计算机模拟等活动，积累数据分析的经验。

内容包括：获取数据的基本途径及相关概念、抽样、统计图表、用样本估计总体。

（1）获取数据的基本途径及相关概念。

① 知道获取数据的基本途径包括统计报表和年鉴、社会调查、试验设计、普查和抽样、互联网等。

② 了解总体、样本、样本量的概念，了解数据的随机性。

（2）抽样。

① 简单随机抽样。通过实例，了解简单随机抽样的含义及其解决问题的过程；掌握两种简单随机抽样方法：抽签法和随机数法；会计算样本均值和样本方差，了解样本与总体的关系。

② 分层随机抽样。通过实例，了解分层随机抽样的特点和适用范围，了解分层随机抽样的必要性，掌握各层样本量比例分配的方法。结合具体实例，掌握分层随机抽样的样本均值和样本方差。

③ 抽样方法的选择。在简单的实际情境中，能根据实际问题的特点，设计恰当的抽样方法解决问题。

（3）统计图表。能根据实际问题的特点，选择恰当的统计图表对数据进行可视化描述，体会合理使用统计图表的重要性。

（4）用样本估计总体。

① 结合实例，能用样本估计总体的集中趋势，理解集中趋势参数（平均数、中位数、众数）的统计含义。

② 结合实例，能用样本估计总体的离散程度，理解离散程度参数（标准差、方差、极差）的统计含义。

③ 结合实例，能用样本估计总体的取值规律。

④ 结合实例，能用样本估计百分位数，理解百分位数的统计含义。

主题五：数学建模活动与数学探究活动

数学建模活动是对现实问题进行数学抽象，用数学语言表达问题，用数学方法构建模型解决问题的过程。数学建模主要包括在实际情境中从数学的视角发现问题、提出问题，分析问题、构建模型，确定参数、计算求解，检验结果、改进模型，最终解决实际问题。数学建模活动是基于数学思维运用模型解决实际问题的一类综合实践活动，是高中阶段数学课程的重要内容。

数学建模活动的基本过程如图 3 – 3 – 2 所示。

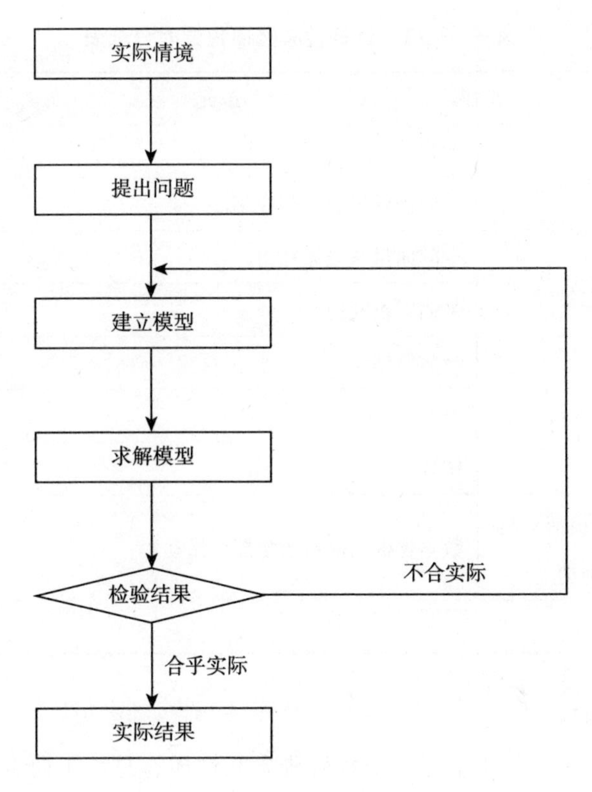

图 3－3－2　数学建模活动的基本过程

数学探究活动是围绕某个具体的数学问题，开展自主探究、合作研究并最终解决问题的过程，具体表现为：发现和提出有意义的数学问题，猜测合理的数学结论，提出解决问题的思路和方案，通过自主探索、合作研究论证数学结论。数学探究活动是运用数学知识解决数学问题的一类综合实践活动，也是高中阶段数学课程的重要内容。

数学建模活动与数学探究活动以课题研究的形式开展。在必修课程中，要求学生完成其中的一个课题研究。

二、选择性必修课程

选择性必修课程包括四个主题，分别是函数、几何与代数、概率与统计、数学建模活动与数学探究活动。

选择性必修课程共 6 学分 108 课时，表 3－3－2 给出了课时分配建议，教材编写、教学实施时可以根据实际作适当调整。

表 3-3-2 选择性必修课程课时分配表

主题	单元	建议课时
主题一：函数	数列	30
	一元函数导数及其应用	
主题二：几何代数	空间向量与立体几何	44
	平面解析几何	
主题三：概率与统计	计数原理	26
	概率	
	统计	
主题四：数学建模活动与数学探究活动	数学建模活动与数学探究活动	4
机动		4

主题一：函数

在必修课程中，学生学习了函数的概念和性质，总结了研究函数的基本方法，掌握了一些具体的基本函数类型，探索了函数的应用。

在本主题中，学生将学习数列和一元函数导数及其应用。数列是一类特殊的函数，是数学重要的研究对象，是研究其他类型函数的基本工具，在日常生活中也有着广泛的应用。导数是微积分的核心内容之一，是现代数学的基本概念，蕴含微积分的基本思想；导数定量地刻画了函数的局部变化，是研究函数性质的基本工具。

内容包括：数列、一元函数导数及其应用。

1. **数列**

本单元的学习，可以帮助学生通过对日常生活中实际问题的分析，了解数列的概念；探索并掌握等差数列和等比数列的变化规律，建立通项公式和前 n 项和公式；能运用等差数列、等比数列解决简单的实际问题和数学问题，感受数学模型的现实意义与应用；了解等差数列与一元一次函数、等比数列与指数函数的联系，感受数列与函数的共性与差异，体会数学的整体性。

内容包括：数列的概念、等差数列、等比数列、数学归纳法。

（1）数列的概念。通过日常生活和数学中的实例，了解数列的概念和表示方法（列表、图象、通项公式），了解数列是一种特殊函数。

（2）等差数列。

① 通过生活中的实例，理解等差数列的概念和通项公式的意义。

② 探索并掌握等差数列的前 n 项和公式，理解等差数列的通项公式与前 n 项和公式的关系。

③ 能在具体的问题情境中，发现数列的等差关系，并解决相应的问题。

④ 体会等差数列与一元一次函数的关系。

（3）等比数列。

① 通过生活中的实例，理解等比数列的概念和通项公式的意义。

② 探索并掌握等比数列的前 n 项和公式，理解等比数列的通项公式与前 n 项和公式的关系。

③ 能在具体的问题情境中，发现数列的等比关系，并解决相应的问题。

④ 体会等比数列与指数函数的关系。

（4）数学归纳法。了解数学归纳法的原理，能用数学归纳法证明数列中的一些简单命题。

2. 一元函数导数及其应用

本单元的学习，可以帮助学生通过丰富的实际背景理解导数的概念，掌握导数的基本运算，运用导数研究函数的性质，并解决一些实际问题。

内容包括：导数的概念及其意义、导数运算、导数在研究函数中的应用、微积分的创立与发展。

（1）导数的概念及其意义。

① 通过实例分析，经历由平均变化率过渡到瞬时变化率的过程，了解导数概念的实际背景，知道导数是关于瞬时变化率的数学表达，体会导数的内涵与思想。

② 体会极限思想。

③ 通过函数图象直观理解导数的几何意义。

（2）导数运算。

① 能根据导数定义求函数 $y=c$，$y=x$ 与 $y=x^2$，$y=x^3$，$y=\frac{1}{x}$，$y=\sqrt{x}$的导数。

② 利用给出的基本初等函数的导数公式和导数的四则运算法则，求简单函数的导数；能求简单的复合函数的导数。

③ 会使用导数公式表。

（3）导数在研究函数中的应用。

① 结合实例，借助几何直观了解函数的单调性与导数的关系；能利用导数研究函数的单调性；对于多项式函数，能求不超过三次的多项式函数的单调区间。

② 借助函数的图象，了解函数在某点取得极值的必要条件和充分条件；能利用导数求某些函数的极大值、极小值以及给定闭区间上不超过三次的多项式函数的最大值、最小值；体会导数与函数单调性、极值、最大（小）值的关系。

（4）微积分的创立与发展。收集、阅读对微积分的创立和发展起重大作用的有关资料，包括一些重要历史人物（牛顿、莱布尼茨、柯西、魏尔斯特拉斯等）和事件，采取独立完成或者小组合作的方式，完成一篇有关微积分创立与发展的研究报告。

主题二：几何与代数

在必修课程学习平面向量的基础上，本主题将学习空间向量，并运用空间向量研究立体几何中图形的位置关系和度量关系。解析几何是数学发展过程中的标志性成果，是微积分创立的基础。本主题还将学习平面解析几何，通过建立坐标系，借助直线、圆与圆锥曲线的几何特征，导出相应方程；用代数方法研究它们的几何性质，体现形与数的结合。

内容包括：空间向量与立体几何、平面解析几何。

1. 空间向量与立体几何

本单元的学习，可以帮助学生在学习平面向量的基础上，利用类比的方法理解空间向量的概念、运算、基本定理和应用，体会平面向量和空间向量的共性和差异；运用向量的方法研究空间基本图形的位置关系和度量关系，体会向量方法和综合几何方法的共性和差异；运用向量方法解决简单的数学问题和实际问题，感悟向量是研究几何问题的有效工具。

内容包括：空间直角坐标系、空间向量及其运算、向量基本定理及坐标表示、空间向量的应用。

（1）空间直角坐标系。

① 在平面直角坐标系的基础上，了解空间直角坐标系，感受建立空间直角坐标系的必要性，会用空间直角坐标系刻画点的位置。

② 借助特殊长方体（所有棱分别与坐标轴平行）顶点的坐标，探索并得出空间两点间的距离公式。

（2）空间向量及其运算。

① 经历由平面向量推广到空间向量的过程，了解空间向量的概念。

② 经历由平面向量的运算及其法则推广到空间向量的过程。

（3）向量基本定理及坐标表示。

① 了解空间向量基本定理及其意义，掌握空间向量的正交分解及其坐标表示。

② 掌握空间向量的线性运算及其坐标表示。

③ 掌握空间向量的数量积及其坐标表示。

④ 了解空间向量投影的概念以及投影向量的意义。

（4）空间向量的应用。

① 能用向量语言描述直线和平面，理解直线的方向向量与平面的法向量。

② 能用向量语言表述直线与直线、直线与平面、平面与平面的夹角以及垂直与平行关系。

③ 能用向量方法证明必修内容中有关直线、平面位置关系的判定定理。

④ 能用向量方法解决点到直线、点到平面、相互平行的直线、相互平行的平面的距离问题和简单的夹角问题，并能描述解决这一类问题的程序，体会向量方法在研究几何问题中的作用。

2. 平面解析几何

本单元的学习，可以帮助学生在平面直角坐标系中，认识直线、圆、椭圆、抛物线、双曲线的几何特征，建立它们的标准方程；运用代数方法进一步认识圆锥曲线的性质以及它们的位置关系；运用平面解析几何方法解决简单的数学问题和实际问题，感悟平面解析几何中蕴含的数学思想。

内容包括：直线与方程、圆与方程、圆锥曲线与方程、平面解析几何的形成与发展。

（1）直线与方程。

① 在平面直角坐标系中，结合具体图形，探索确定直线位置的几何要素。

② 理解直线的倾斜角和斜率的概念，经历用代数方法刻画直线斜率的过程，掌握过两点的直线斜率的计算公式。

③ 能根据斜率判定两条直线平行或垂直。

④ 根据确定直线位置的几何要素，探索并掌握直线方程的几种形式（点斜式、两点式及一般式）。

⑤ 能用解方程组的方法求两条直线的交点坐标。

⑥ 探索并掌握平面上两点间的距离公式、点到直线的距离公式，会求两条平行直线间的距离。

（2）圆与方程。

① 回顾确定圆的几何要素，在平面直角坐标系中，探索并掌握圆的标准方程与一般方程。

② 能根据给定的直线、圆的方程，判断直线与圆、圆与圆的位置关系。

③ 能用直线和圆的方程解决一些简单的数学问题与实际问题。

（3）圆锥曲线与方程。

① 了解圆锥曲线的实际背景，感受圆锥曲线在刻画现实世界和解决实际问题中的作用。

② 经历从具体情境中抽象出椭圆的过程，掌握椭圆的定义、标准方程及其简单的几何性质。

③ 了解抛物线与双曲线的定义、几何图形和标准方程，以及它们的简单几何性质。

④ 通过圆锥曲线与方程的学习，进一步体会数形结合的思想。

⑤ 了解椭圆、抛物线的简单应用。

（4）平面解析几何的形成与发展。收集、阅读平面解析几何的形成与发展的历史资料，撰写小论文，论述平面解析几何发展的过程、重要结果、主要人物、关键事件及其对人类文明的贡献。

主题三：概率与统计

本主题是必修课程中概率与统计内容的延续，将学习计数原理、概率、统计的相关知识。计数原理的内容包括两个基本计数原理、排列与组合、二项式定理。概率的内容包括随机事件的条件概率、离散型随机变量及其分布列、正态分布。统计的内容包括成对数据的统计相关性、一元线性回归模型、2×2 列联表。

内容包括：计数原理、概率、统计。

1. 计数原理

分类加法计数原理和分步乘法计数原理是解决计数问题的基础，称为基本计数原理。本单元的学习，可以帮助学生理解两个基本计数原理，运用计数原理探索排列、组合、二项式定理等问题。

内容包括：两个基本计数原理、排列与组合、二项式定理。

（1）两个基本计数原理。通过实例，了解分类加法计数原理、分步乘法计数原理及其意义。

（2）排列与组合。通过实例，理解排列、组合的概念；能利用计数原理推导排列数公式、组合数公式。

（3）二项式定理。能用多项式运算法则和计数原理证明二项式定理，会用二项式定理解决与二项展开式有关的简单问题。

2. 概率

本单元的学习，可以帮助学生了解条件概率及其与独立性的关系，能进行简单计算；感悟离散型随机变量及其分布列的含义，知道可以通过随机变量更好地刻画随机现象；理解伯努利试验，掌握二项分布，了解超几何分布；感悟服从正态分布的随机变量，知道连续型随机变量；基于随机变量及其分布解决简单的实际问题。

内容包括：随机事件的条件概率、离散型随机变量及其分布列、正态分布。

（1）随机事件的条件概率。

① 结合古典概型，了解条件概率，能计算简单随机事件的条件概率。

② 结合古典概型，了解条件概率与独立性的关系。

③ 结合古典概型，会利用乘法公式计算概率。

④ 结合古典概型，会利用全概率公式计算概率；了解贝叶斯公式。

（2）离散型随机变量及其分布列。

① 通过具体实例，了解离散型随机变量及其分布列。

② 通过具体实例，了解伯努利试验，掌握二项分布、离散型随机变量的概念，理解离散型随机变量分布列及其数字特征（均值、方差），并能解决简单

的实际问题。

③ 通过具体实例，了解超几何分布及其均值，并能解决简单的实际问题。

（3）正态分布。

① 通过误差模型，了解服从正态分布的随机变量；通过具体实例，借助频率直方图的几何直观，了解正态分布的特征。

② 了解正态分布的均值、方差及其含义。

3. **统计**

本单元的学习，可以帮助学生了解样本相关系数的统计含义，了解一元线性回归模型和 2×2 列联表，运用这些方法解决简单的实际问题，会利用统计软件进行数据分析。

内容包括：成对数据的统计相关性、一元线性回归模型、2×2 列联表。

（1）成对数据的统计相关性。

① 结合实例，了解样本相关系数的统计含义，了解样本相关系数与标准化数据向量夹角的关系。

② 结合实例，会通过相关系数比较多组成对数据的相关性。

（2）一元线性回归模型。

① 结合具体实例，了解一元线性回归模型的含义，了解模型参数的统计意义，了解最小二乘原理，掌握一元线性回归模型参数的最小二乘估计方法，会使用相关的统计软件。

② 针对实际问题，会用一元线性回归模型进行预测。

（3）2×2 列联表。

① 通过实例，理解 2×2 列联表的统计意义。

② 通过实例，了解 2×2 列联表独立性检验及其应用。

主题四：数学建模活动与数学探究活动

数学建模活动与数学探究活动以课题研究的形式开展。在选择性必修课程中，要求学生完成一个课题研究，可以是数学建模的课题研究，也可以是数学探究的课题研究。课题可以是学生在学习必修课程时已完成课题的延续，也可以是新的课题。

三、选修课程

选修课程是由学校根据自身情况选择设置的课程，供学生依据个人志趣自主选择，分为 A，B，C，D，E 五类。这些课程为学生确定发展方向提供引导，为学生展示数学才能提供平台，为学生发展数学兴趣提供选择，为大学自主招生提供参考。学生可以根据自己的志向和大学专业的要求选择学习其中的某些课程。

A 类课程是供有志于学习数理类（如数学、物理、计算机、精密仪器等）专业的学生选择的课程。

B 类课程是供有志于学习经济、社会类（如数理经济、社会学等）和部分理工类（如化学、生物、机械等）专业的学生选择的课程。

C 类课程是供有志于学习人文类（如语言、历史等）专业的学生选择的课程。

D 类课程是供有志于学习体育、艺术（包括音乐、美术）类专业的学生选择的课程。

E 类课程包括拓宽视野、日常生活、地方特色的数学课程，还包括大学数学的先修课程等。大学数学先修课程包括微积分、解析几何与线性代数、概率论与数理统计。

选修课程的修习情况应被列为综合素质评价的内容。不同高等院校、不同专业的招生，根据需要可以对选修课程中某些内容提出要求。国家、地方政府、社会权威机构可以组织命题考试，考试成绩应存入学生个人学习档案，供高等院校自主招生参考。

A 类课程

A 类课程包括微积分、空间向量与代数、概率与统计三个专题，其中微积分 2.5 学分，空间向量与代数 2 学分，概率与统计 1.5 学分。

1. 微积分

本专题在数列极限的基础上建立函数极限和连续的概念；在具体的情境中用极限刻画导数，给出借助导数研究函数性质的一般方法；通过极限建立微分和积分的概念，阐述微分和积分的关系（微积分基本定理）及其应用。本专题要考虑高中生的接受能力，重视课程内容的实际背景，关注数学内容的直观理解，培养学生的数学抽象、数学运算、数学建模和逻辑推理素养，为进一步学习大学数学课程奠定基础。

内容包括：数列极限、函数极限、连续函数、导数与微分、定积分。

（1）数列极限。

① 通过典型收敛数列的极限过程（当$n\to\infty$时，$\frac{1}{n}\to 0$，$\frac{n}{n+1}\to 1$，$q^n\to 0$ $[0<q<1)$，$a^{\frac{1}{n}}\to 1$ $(a>0)]$，建立并理解数列极限的$\xi-N$定义。

② 探索并证明基本性质：收敛数列是有界数列。

③ 通过典型单调有界数列$\left\{\frac{1}{n}\right\}$，$\left\{\frac{n}{n+1}\right\}$，$\{q^n\}$ $(0<q<1)$，$\{a^{\frac{1}{n}}\}$ $(a>0)$的收敛过程，理解基本事实：单调有界数列必有极限。

④ 掌握数列极限的四则运算法则。

⑤ 通过典型数列的收敛性，理解e的意义。

（2）函数极限。

① 通过典型函数的极限过程［当$x\to a$时，$x^2\to a^2$；当$x\to a$时，$\sin x\to\sin a$；当$x\to 0$时，$a^x\to 1$ $(a>0$，且$a\neq 1)$］，理解函数极限的$\xi-\delta$定义。

② 掌握基本初等函数极限的四则运算。

③ 掌握两个重要函数的极限$\left(\lim\limits_{x\to 0}\frac{\sin x}{x}=1,\ \lim\limits_{x\to 0}(1+x)^{\frac{1}{x}}=\mathrm{e}\right)$，并会求其简单变形的极限。

（3）连续函数。

① 理解连续函数的定义。

② 了解闭区间上连续函数的有界性、介值性及其简单应用（如用二分法求方程的近似解）。

（4）导数与微分。

① 借助物理背景与几何背景理解导数的意义，并能给出导数的严格数学定义。

② 通过导函数的概念，掌握二阶导数的概念，了解二阶导数的物理意义与几何意义。

③ 了解复合函数的求导公式。

④ 理解并证明拉格朗日中值定理，并能用其讨论函数的单调性。

⑤ 会利用拉格朗日中值定理证明一些不等式（如当$x>0$时，$\sin x<x$，$\ln(1+x)<x$）。

⑥ 会利用导数讨论函数的极值问题，利用几何图形说明一个点是极值点的

必要条件与充分条件（不要求数学证明）。

⑦ 了解微分的概念及其实际意义，并会用符号表示。

（5）定积分。

① 通过经历等分区间求特殊曲边梯形面积的极限过程，理解定积分的概念及其几何意义与物理意义。

② 在单调函数定积分的计算过程中，通过微分感悟积分与导数的关系，理解并掌握牛顿－莱布尼茨公式 $f(b)-f(a)=\int_a^b f'(t)\,dt$。

③ 会利用导数表和牛顿－莱布尼茨公式求一些简单函数的定积分。

④ 会利用定积分计算某些封闭图形的面积，计算球、圆锥、圆台和某些三棱锥、三棱台的体积；能利用定积分解决简单的做功问题和重心问题。

2. 空间向量与代数

本专题在必修课程和选择性必修课程的基础上，通过系统学习三维空间的向量代数，表述各种运算的几何背景，实现几何与代数的融合。引入矩阵与行列式的概念，利用矩阵理论解三元一次方程组；利用向量代数，讨论三维空间中点、直线、平面的位置关系与度量；利用直观想象建立平面和空间的等距变换理论。将空间几何与线性代数融合在一起，把握问题的本质，为代数理论提供几何背景，用代数方法解决几何问题，进而解决实际问题，为大学线性代数课程的学习奠定直观基础。

内容包括：空间向量代数、三阶矩阵与行列式、三元一次方程组、空间中的平面与直线、等距变换。

（1）空间向量代数。

① 通过几何直观，理解向量运算的几何意义。

② 探索并解释空间向量的内积（数量积）与外积及其几何意义。

③ 理解向量的投影与分解及其几何意义，并会应用。

④ 掌握向量组的线性相关性，并能加以判断。

⑤ 掌握向量的线性运算，理解向量空间与子空间的概念。

（2）三阶矩阵与行列式。

① 通过几何直观引入矩阵概念，掌握矩阵的三种基本运算及其性质。

② 了解正交矩阵及其基本性质，能用代数方法解决几何问题。

③ 掌握行列式的定义与性质，会计算行列式。

（3）三元一次方程组。

① 通过实例，探索三元一次方程组的求解过程，理解三元一次方程组的常用解法（高斯消元法），会用矩阵表示三元一次方程组。

② 掌握三元齐次线性方程组的解法，会表示一般解。

③ 掌握非齐次线性方程组有解的判定，建立线性方程组的理论基础。

④ 探索三元一次方程组解的结构，会表示一般解。

⑤ 理解克拉默（Cramer）法则，会用克拉默法则求解三元一次方程组。

（4）空间中的平面与直线。

① 通过向量的坐标表示，建立空间平面的方程。

② 掌握空间直线方程的含义，会用方程表示空间直线。

③ 理解空间点、直线、平面的位置关系，会用代数方法判断空间点、直线、平面的位置关系，会求点到直线（平面）的距离。

（5）等距变换。

① 了解平面变换的含义，理解平面的等距变换，特别是三种基本等距变换：直线反射、平移、旋转。

② 了解平面对称图形及变换群的概念。

③ 掌握常见平面等距变换及其矩阵表示。

④ 了解空间变换的含义，理解空间的等距变换，特别是三种常见的等距变换：平面反射、平移、旋转。

⑤ 了解空间对称图形及变换群。

⑥ 掌握常见的空间等距变换及其矩阵表示。

3. 概率与统计

本专题在必修课程和选择性必修课程的基础上展开。在概率方面，通过具体实例，进一步学习连续型随机变量及其概率分布、二维随机向量及其联合分布，并运用这些数学模型，解决一些简单的实际问题。在统计方面，结合一些具体任务，学习参数估计、假设检验，并运用这些方法解决一些简单的实际问题；在一元线性回归分析的基础上，结合具体实例，进一步学习二元线性回归分析的方法，解决一些简单的实际问题。在教学活动中，要重视课程内容的实际背景，关注学生对数学内容的直观理解；要充分考虑高中生的接受能力，更要注重学生数学学科核心素养的提升。

内容包括： 连续型随机变量及其分布、二维随机变量及其联合分布、参数估计、假设检验、二元线性回归模型。

（1）连续型随机变量及其分布。

① 借助具体实例，了解连续型随机变量及其分布，体会连续型随机变量与离散型随机变量的共性与差异。

② 结合生活中的实例，了解几个重要的连续型随机变量的分布（均匀分布、正态分布、卡方分布、t 分布），理解这些分布中参数的意义，能进行简单应用。

③ 了解连续型随机变量的均值和方差，知道均匀分布、正态分布、卡方分布、t 分布的均值和方差及其意义。

（2）二维随机变量及其联合分布。

① 在学习一维离散型随机变量的基础上，通过实例，了解二维离散型随机变量的概念及其分布列、数字特征（均值、方差、协方差、相关系数），并能解决简单的实际问题；了解两个随机变量的独立性。

② 在学习一维正态随机变量的基础上，通过具体实例，了解二维正态随机变量及其联合分布，以及联合分布中参数的统计含义。

（3）参数估计。借助对具体实际问题的分析，知道矩估计和极大似然估计这两种参数估计方法，了解参数估计原理，能解决一些简单的实际问题。

（4）假设检验。

① 了解假设检验的统计思想和基本概念。

② 借助具体实例，了解正态总体均值和方差检验的方法，了解两个正态总体的均值比较的方法。

③ 结合具体实例，了解总体分布的拟合优度检验。

（5）二元线性回归模型。

① 了解二维正态分布及其参数的意义。

② 了解二元线性回归模型，会用最小二乘原理对模型中的参数进行估计。

③ 运用二元线性回归模型解决简单的实际问题。

B 类课程

B 类课程包括微积分、空间向量与代数、应用统计、模型四个专题，其中微积分 2 学分，空间向量与代数 1 学分，应用统计 2 学分，模型 1 学分。

1. 微积分

本专题在数列极限的基础上建立函数极限的概念；在学习一元函数的基础

上，了解二元函数及其偏导数的概念。本专题要考虑高中生的接受能力，重视课程内容的实际背景，关注数学内容的直观理解，培养学生的运算能力，为进一步学习大学相关课程奠定基础。

内容包括： 极限、导数与微分、定积分、二元函数。

（1）极限。

① 通过典型数列$\left\{\frac{1}{n}\right\}$，$\left\{\frac{n}{n+1}\right\}$，$\{q^n\}$ $(0<q<1)$，了解数列的极限，掌握极限的符号，了解基本事实：单调有界数列必有极限。

② 通过具体函数$f(x)=x^2$，$f(x)=\frac{1}{x}$，$f(x)=\sqrt{x}$，$f(x)=a^x$ $(a>0$，且$a\neq1)$，$f(x)=\cos x$，了解函数$\lim\limits_{x\to x_0}f(x)=A$和连续的概念，掌握极限的符号，了解闭区间上连续函数的性质。

（2）导数与微分。

① 通过导数的概念，理解二阶导数的概念，了解二阶导数的物理意义与几何意义；掌握一些基本初等函数的一阶导数与二阶导数。

② 了解拉格朗日中值定理，了解它的几何解释。

③ 利用导数讨论函数的单调性，并证明某些不等式［如当$x>0$时，$\sin x<x$，$\ln(1+x)<x$］。

④ 会利用导数讨论函数的极值问题，利用几何图形说明一个点是极值点的必要条件与充分条件（不要求数学证明）。

⑤ 借助导数，会求闭区间上一元一次函数、一元二次函数、一元三次函数的最大值与最小值。

⑥ 了解微分的概念及其实际意义，会用符号表示。

（3）定积分。

① 了解闭区间上连续函数定积分的概念，理解其几何意义与物理意义。

② 能用等分区间的方法计算特殊的黎曼和。

③ 利用$f(x)$的单调性、等分区间的方法、拉格朗日定理，推导牛顿－莱布尼茨公式$f(b)-f(a)=\int_a^b f'(t)\,dt$。

④ 会利用定积分计算某些封闭平面图形的面积，计算球、圆锥、圆台和某些三棱锥、三棱台的体积；了解祖日恒原理。

（4）二元函数。

① 通过简单实例，掌握二元函数的背景。

② 了解偏导数的定义，能计算一些简单函数的偏导数，如已知$f(x)$与$g(y)$分别是基本初等函数，会求$f(x)+g(y)$，$f(x)\cdot g(y)$的偏导数。

③ 会求一些简单二元函数的驻点，并能求相应的实际问题中的极值。

④ 利用等高线法，会求一次函数$f(x, y)=ax+by$在闭凸多边形区域上的最大值和最小值。

⑤ 会求闭圆域、闭椭圆域上二元二次函数的最大值和最小值。

2. 空间向量与代数

本专题在必修课程和选择性必修课程的基础上，比较系统地学习三维空间的整体结构——向量代数，感悟几何与代数的融合；引入矩阵与行列式的概念，并讨论三元一次方程组解的结构。本专题强调几何直观，把握问题的本质，培养学生数学运算、数学抽象、逻辑推理和直观想象等素养，为大学线性代数课程的学习奠定直观基础。

内容包括： 空间向量代数、三阶矩阵与行列式、三元一次方程组。

（1）空间向量代数。

① 通过几何直观，理解向量运算的几何意义。

② 探索并解释空间向量的内积（数量积）与外积及其几何意义。

③ 理解向量的投影与分解及其几何意义，并会应用。

④ 掌握向量组的线性相关性，并能加以判断。

⑤ 掌握向量的线性运算，理解（低维）向量空间与子空间的概念。

⑥ 会求点到直线、点到平面的距离，两条异面直线的距离，直线与平面的夹角。

（2）三阶矩阵与行列式。

① 通过几何直观引入矩阵的概念，掌握矩阵的三种基本运算及其性质。

② 掌握行列式的定义与性质，会计算行列式。

（3）三元一次方程组。

① 通过实例，探索三元一次方程组的求解过程，理解三元一次方程组的常用解法（高斯消元法），会用矩阵表示三元一次方程组。

② 掌握三元齐次线性方程组的解法，会表示一般解。

③ 掌握非齐次线性方程组有解的判定，建立线性方程组的理论基础。

④ 探索三元一次方程组解的结构，会表示一般解。

⑤ 理解克拉默法则，会用克拉默法则求解三元一次方程组。

3. 应用统计

本专题在必修课程和选择性必修课程的基础上展开。在概率方面，通过具体实例，进一步学习连续型随机变量及其概率分布，二维随机向量及其联合分布，并运用这些数学模型解决一些简单的实际问题。在统计方面，结合一些具体任务，学习参数估计、假设检验和不依赖于分布的统计检验，并运用这些方法解决一些简单的实际问题；学习数据分析的两种特殊方法——聚类分析和正交设计。在教学活动中，教师要关注学生对数学内容的直观理解，充分考虑高中生的接受能力；要重视课程内容的实际背景，更要重视课程内容的实际应用；要注重全面提升学生的数学学科核心素养。

内容包括：连续型随机变量及其分布、二维随机变量及其联合分布、参数估计、假设检验、二元线性回归模型、聚类分析、正交设计。

（1）连续型随机变量及其分布。

① 借助具体实例，了解连续型随机变量及其分布，体会连续型随机变量与离散型随机变量的共性与差异。

② 结合生活中的实例，了解几个重要连续型随机变量的分布（均匀分布、正态分布、卡方分布、t 分布），理解这些分布中参数的意义，能进行简单应用。

③ 了解连续型随机变量的均值和方差，知道均匀分布、正态分布、卡方分布、t 分布的均值和方差及其意义。

（2）二维随机变量及其联合分布。

① 在学习一维离散型随机变量的基础上，通过实例，了解二维离散型随机变量的概念及其分布列、数字特征（均值、方差、协方差、相关系数），并能解决简单的实际问题；了解两个随机变量的独立性。

② 在学习一维正态随机变量的基础上，通过具体实例，了解二维正态随机变量及其联合分布，以及联合分布中参数的统计含义。

（3）参数估计。借助对具体实际问题的分析，知道矩估计和极大似然估计这两种参数估计方法，了解参数估计原理，能解决一些简单的实际问题。

（4）假设检验。

① 了解假设检验的统计思想和基本概念。

② 借助具体实例，了解正态总体均值和方差检验的方法，了解两个正态总体的均值比较的方法。

③ 结合具体实例，了解总体分布的拟合优度检验。

（5）二元线性回归模型。

① 了解二维正态分布及其参数的意义。

② 了解二元线性回归模型，会用最小二乘原理对模型中的参数进行估计。

③ 运用二元线性回归模型解决简单的实际问题。

（6）聚类分析。

① 借助具体实例，了解聚类分析的意义。

② 借助具体实例，了解几种聚类分析的方法，能解决一些简单的实际问题。

（7）正交设计。

① 借助具体实例，了解正交设计原理。

② 借助具体实例，了解正交表，能用正交表进行实验设计。

4. 模型

本专题在必修课程和选择性必修课程的基础上，通过大量的实际问题，建立一些基本数学模型，包括线性模型、二次曲线模型、指数函数模型、三角函数模型、参变数模型。在教学中，教师要重视这些模型的背景、形成过程、应用范围，提升学生数学建模、数学抽象、数学运算和直观想象的素养，提升学生的实践能力和创新能力。

内容包括：线性模型、二次曲线模型、指数函数模型、三角函数模型、参变数模型。

（1）线性模型。

① 结合实际问题，了解一维线性模型，理解一次函数与均匀变化的关系，并能发现生活中均匀变化的实际问题。

② 结合实际问题，了解二维线性模型，探索平面上一些图形的变化，并能理解一维线性模型与二维线性模型的异同（如矩阵 A 是对角阵）。

③ 结合实际问题，了解三维线性模型，如经济学上的投入产出模型。

（2）二次曲线模型。借助实例（如光学模型、自由落体、边际效应），了解二次曲线模型的含义和特征，体会二次曲线模型的实际意义。

（3）指数函数模型。借助有关增长率的实际问题（如种群增长、放射物衰减），理解指数函数模型，感受增长率是常数的事物的单调变化。

（4）三角函数模型。借助具体实例，理解一类波动问题（如光波、声波、电磁波）等周期现象可以用三角函数刻画。

（5）参变数模型。

① 借助具体实例，理解平面上的参变数模型，如弹道模型。

② 借助具体实例，理解空间上的参变数模型，如螺旋曲线。

③ 借助一些用参变数方程描述的物理问题与几何问题，理解参变数的意义，掌握参变数变化的范围。

C 类课程

C 类课程包括逻辑推理初步、数学模型、社会调查与数据分析三个专题，每个专题 2 学分。

1. 逻辑推理初步

本专题内容以数学推理为主线展开，将相关逻辑知识与数学推理有机融合。通过本专题的学习，学生能进一步认识逻辑推理的本质，体会其在数学推理、论证中的作用；能运用相关数学逻辑知识正确表述自己的思想、解释社会生活中的现象，提高逻辑思维能力，发展逻辑推理素养。

内容包括：数学定义、命题和推理，数学推理的前提，数学推理的类型，数学证明的主要方法，公理化思想。

（1）数学定义、命题和推理。通过实例，了解数学定义和数学命题，知道数学定义的基本方式，了解数学命题的表达形式，了解数学定义、数学命题和数学推理之间的关系；能理解数学命题中的条件和结论；结合实例，能对充分条件、必要条件、充要条件进行判断。

（2）数学推理的前提。理解同一律、矛盾律、排中律的含义，通过实例认识它们在数学推理中的作用，能在数学推理中认识推理前提的重要性；能通过实例，区分排中律与矛盾律，能在推理中正确运用排中律。

（3）数学推理的类型。结合学过的数学实例和生活中的实例，理解演绎推理、归纳和类比推理，在这些推理的过程中，认识数学推理的传递性；知道利用推理能够得到和验证数学的结果；通过数学和生活中的实例，认识或然性推理和必然性推理的区别。

（4）数学证明的主要方法。通过数学实例，认识一些常用的数学证明方法，理解这些证明方法在数学和生活中的意义。

（5）公理化思想。通过数学史和其他领域的典型事例，了解数学公理化的含义，了解公理体系的独立性、相容性、完备性，了解公理化思想在数学、自然科学及社会科学中的运用，体会公理化思想的意义和价值。

2. 数学模型

本专题在必修课程和选择性必修课程的基础上，通过具体实例，建立一些基于数学表达的经济模型和社会模型，包括存款贷款模型、投入产出模型、经济增长模型、凯恩斯模型、生产函数模型、等级评价模型、人口增长模型、信度评价模型等。在教学活动中，教师要让学生知道这些模型形成的背景、数学表达的道理、模型参数的意义、模型适用的范围，提升学生数学建模、数学抽象、数学运算和直观想象的素养；让学生知道其中有些模型（以及模型的衍生）获得诺贝尔经济学奖的理由，理解数学的应用，提高学生学习数学的兴趣，提升学生的实践能力和创新能力。

内容包括：经济数学模型、社会数学模型。

（1）经济数学模型。

① 存款贷款模型（指数函数模型）。通过对存款等实际问题的分析，抽象出复利模型；通过对住房贷款等实际问题的分析，抽象出等额本金付款模型。了解这些模型各自的特点，能用这样的模型解决简单的实际问题。

② 投入产出模型（线性方程组模型）。了解投入产出模型的背景和意义，理解模型是如何通过线性方程组中的系数和解约束自变量，从而实现组合生产的计划的；能用投入产出模型分析并解决简单的实际问题。

③ 经济增长模型（线性回归模型）。利用我国改革开放以后经济发展数据，通过时间与 GDP（或者人均 GDP）之间的关系建立线性回归模型（或者分段的线性回归模型），估计其中的参数，理解参数的意义；能用同样的方法分析简单的经济现象。

④ 凯恩斯模型（经济理论模型）。了解如何通过收入、消费和投资之间的关系建立数学模型，体会模型中系数的乘数效应，体会扩大消费与经济发展、增加国民收入之间的关系，能用模型解释简单的经济现象。

⑤ 生产函数模型（对数线性模型）。了解生产理论中柯布－道格拉斯生产

函数，知道如何用数学语言表达生产与劳动投入、资本投入之间的关系，知道如何把这样的表达转化为对数线性模型，如何对其中的参数进行估计，能解决简单的实际问题。

（2）社会数学模型。

① 等级评价模型（平均数模型）。结合具体实例（如产品质量评价、热点问题筛选、跳水等技能性或全能等综合性体育运动评分），了解加权平均、调和平均、稳健平均等评价模型的特点及适用范围，能用这样的模型解决简单的实际问题。

② 人口增长模型（指数函数模型）。结合实例（如我国人口增长数据），了解为什么可以用指数增长模型刻画人口变化的规律，知道模型中参数的意义，知道如何用模型拟合实际数据，并能判断拟合的有效性。

③ 信度评价模型（Logistic 回归模型）。对于银行贷款用户、信用卡用户等涉及信度的问题，知道用 Logistic 回归模型进行信度评级的道理，知道构造两级（好、差）或者三级（好、中、差）评价的方法，并会简单应用。

3. 社会调查与数据分析

社会调查是学生进入社会要掌握的基本能力，本专题在必修课程和选择性必修课程的基础上，结合社会调查的实际问题和社会调查中的一些关键环节，引导学生经历社会调查的全过程，包括社会调查方案的设计、抽样设计、数据分析、报告的撰写，并结合具体社会调查案例，分析在社会调查实施过程中可能遇到的问题，以及解决这些问题的对策。本专题的基本特点是实用、具体、有效、有趣。在完成社会调查任务的过程中，教师要注意引导学生充分运用概率与统计知识，避免采用不科学的社会调查方法与数据分析方法，全面提升学生的数学学科核心素养。

内容包括：社会调查概论、社会调查方案设计、抽样设计、社会调查数据分析、社会调查数据报告、社会调查案例选讲。

（1）社会调查概论。

① 结合实例，了解社会调查的使用范围、分类和意义。

② 针对具体问题，了解社会调查的基本步骤：项目确定、方案设计、组织实施、数据分析、形成报告。

（2）社会调查方案设计。

① 结合实例，了解调查方案设计的基本内容：目的、内容、对象、项目、

方式、方法等。

② 结合实例，探索调查方案的可行性评估。

③ 结合实例，了解问卷设计的主要问题：问卷的结构与常用量表、问卷设计的程序与技巧。

④ 结合实例，掌握社会调查的基本方法：文案调查法、观察法、访谈法、德尔菲法、电话法等。

（3）抽样设计。在必修课程学习的抽样方法（简单随机抽样、分层抽样）的基础上，了解二阶与多阶抽样，能根据具体情境选择合适的抽样方法。

（4）社会调查数据分析。

① 结合具体实例，整理调查数据，了解常用统计图表（频数表、交叉表、直方图、茎叶图、扇形图、雷达图、箱线图）及常用统计量（均值、众数、中位数、百分位数），能确定各种抽样方法的样本量。

② 结合具体实例，了解相关分析、回归分析、多元统计分析。

（5）社会调查数据报告。掌握社会调查报告的基本要求及基本内容，能作出简单的、完整的社会调查数据报告。

（6）社会调查案例选讲。通过典型案例的学习，理解社会调查的意义。

D 类课程

D 类课程包括美与数学、音乐中的数学、美术中的数学、体育运动中的数学四个专题，每个专题 1 学分。

1. 美与数学

学会审美不仅可以陶冶情操，而且能够改善思维品质。本专题尝试从数学的角度刻画审美的共性，主要包括简洁、对称、周期、和谐等。通过本专题的学习，学生对美的感受能够从感性走向理性，提升有志于从事艺术、体育事业的学生审美情趣和审美能力，在形象思维的基础上增强理性思维能力。

内容包括：美与数学的简洁、美与数学的对称、美与数学的周期、美与数学的和谐。

（1）美与数学的简洁。数学可以刻画现实世界中的简洁美。例如，太阳、满月、车轮、井盖等美的共性与圆相关，抛物运动、行星运动轨迹等美的共性与二次曲线相关，DNA 结构、向日葵花盘、海螺等美的共性与特殊曲线相关，家具、日用品、冷却塔、建筑物外形等美的共性与简单曲面相关，雪花、云彩、群山、海岸线、某些现代设计等美的共性与分形相关。

（2）美与数学的对称。数学可以刻画现实世界中的对称美。例如，某些动物形体、飞机造型、某些建筑物外形等美的共性与空间反射对称相关，剪纸、脸谱、风筝等传统艺术美的共性与轴对称相关，晶体等美的共性与中心对称相关，带饰、面饰等美的共性与平移对称、中心对称、轴对称相关。循环赛制、守恒定律也具有对称美。

（3）美与数学的周期。数学可以刻画现实世界中的周期美。例如，昼夜交替、四季循环、日月星辰运动规律、海洋波浪等美的共性与周期相关，乐曲创作、图案设计中美的共性与周期相关。

（4）美与数学的和谐。数学可以刻画现实世界中的和谐美。例如，人体结构、建筑物、国旗、绘画、优选法等美的共性与黄金分割相关，苗木生长、动物繁殖、向日葵种子排列规律等美的共性与斐波那契数列相关。

2. 音乐中的数学

音乐的要素——音高、音响、音色、节拍、乐音、乐曲、乐器等都与数学相关，特别是音的律制与数学的关系十分密切。通过本专题的学习，学生能够更加理性地理解音乐，鉴赏音乐的美，提升有志于从事音乐事业的学生的数学修养，增强理性思维能力。

内容包括：声波与正弦函数，律制、音阶与数列，乐曲的节拍与分数，乐器中的数学，乐曲中的数学。

（1）声波与正弦函数。纯音可以用正弦函数来表达，音高与正弦函数的频率相关，响度与正弦函数的振幅相关，和声、音色与正弦函数的叠加相关。

（2）律制、音阶与数列。音的律制用以规定音阶，三分损益律、五度相生律、纯律的音阶均与频率比、弦长比相关，十二平均律与等比数列相关。五线谱能够科学地记录乐曲。

（3）乐曲的节拍与分数。乐曲的小节、拍、拍号与分数相关，套曲的钢琴演奏与最小公倍数相关。

（4）乐器中的数学。键盘乐器（如钢琴）、弦乐器（如小提琴、二胡）、管乐器（如长笛）的发声、共鸣等都与数学相关。

（5）乐曲中的数学。乐曲中的高潮点、乐曲调性的转换点常与黄金分割相关；乐曲的创作既与平移、反射、伸缩等变换相关，也与排列、组合相关。

3. 美术中的数学

美术主要包括绘画、雕塑、工艺美术、建筑艺术，以及书法、篆刻艺术等。

通过本专题的学习，学生可以了解美术中的平移、对称、黄金分割、透视几何等数学方法，了解计算机美术的基本概念和方法，了解美术家的创作过程所蕴含的数学思想，体会数学在美术中的作用，更加理性地鉴赏美术作品，提升学生直观想象和数学抽象的素养。教学应以具体实例为主线展开，将美术作品与相关的数学知识有机地联系起来。

内容包括：绘画与数学、其他美术作品中的数学、美术与计算机、美术家的数学思想。

（1）绘画与数学。名画中的数学元素包括绘画中的平移与对称、绘画中的黄金分割、绘画中的透视几何。

（2）其他美术作品中的数学。其他美术作品中的数学元素包括雕塑中的黄金分割、建筑中的对称、工艺品中的对称、邮票中的数学、书法中的黄金分割。

（3）美术与计算机。计算机绘画的发展背景，计算机绘画所需的硬件和软件，计算机绘画实例。

（4）美术家的数学思想。美术家的数学思想，如达·芬奇、毕加索、埃舍尔等的数学思想。

4. 体育运动中的数学

在体育运动中，无论是运动本身还是与运动有关的事都蕴含着许多数学原理。例如，田径运动中的速度、角度、运动曲线，比赛场次安排、运动器械与运动场馆设计等。通过本专题的学习，学生能运用数学知识探索提高运动效率的途径，能运用数学方法合理安排赛事，提升有志于从事体育事业的学生的数学修养，增强理性思维能力。

内容包括：运动场上的数学原理、运动成绩的数据分析、运动赛事中的运筹帷幄、体育用具及设施中的数学知识。

（1）运动场上的数学原理。了解与田径运动、球类运动、体操运动、水上运动等相关的数学原理，探索如何提高运动效率和运动成绩。例如，根据向量分解的原理指导运动员进行跳高、跳远和投掷。

（2）运动成绩的数据分析。通过健康指标和运动成绩的数据，运用概率与统计知识寻求规律、探索合理方案。例如，通过日常运动和健康状况的数据，分析运动与健康的关系。

（3）运动赛事中的运筹帷幄。能借助图论、运筹等数学知识分析体育赛事的规律，进行合理安排，提升教练员的指挥策略，改善运动员赛场上的应对策略。

（4）体育用具及设施中的数学知识。知道大多数体育运动用具和场馆的设计都运用了数学知识，如足球、乒乓球的制作，网球拍的构造，标准跑道的规划；通过数学曲面感悟鸟巢、水立方等体育场馆的设计原理。

E 类课程

E 类课程是学校根据自身的需求开发或选用的课程，包括拓宽视野、日常生活、地方特色的数学课程，还包括大学数学的先修课程等。

（1）拓宽视野的数学课程。例如，机器人与数学、对称与群、球面上的几何、欧拉公式与闭曲面分类、数列与差分、初等数论初步。

（2）日常生活的数学课程。例如，生活中的数学、家庭理财与数学。

（3）地方特色的数学课程。例如，地方建筑与数学、家乡经济发展的社会调查与数据分析。

（4）大学数学的先修课程。大学数学的先修课程包括微积分、解析几何与线性代数、概率论与数理统计。

第四章

高中数学教学设计的本质与区别

第一节　数学教学设计的本质与特点

教学设计作为一门科学是20世纪60年代在美国兴起的，美国布鲁纳与奥苏贝尔的认知学习理论对其有着重要影响。其实，教师在上课前都是要备课的，这也可以看成初级的教学设计，然而，传统教学中的备课主要是以教材的内容为主，教学目标的设置、教学方法的选择主要凭借各人的经验，缺乏科学依据。简单地说，教学设计是在教学开始之前对教学过程中的各种因素（如学生特点、教学目标、学习内容、媒体设置等等）进行预先筹划，精心构造，创设教学情境，以期达成教学目标的系统化设计。因此，掌握现代教学设计的理论与操作方法，是提高数学课堂教学效率，促进学生个性发展的关键。

一、课堂教学设计的本质

课堂教学设计是一项系统设计，它必须依照一定的程序和步骤进行。完整的课堂教学设计主要包括以下几个环节：①教学目标设计；②根据学生已有水平设计教学起点；③教学内容设计；④教学方法和教学媒体的选用设计；⑤教学评价设计；⑥ 课堂教学结构设计。上述几个环节是互相联系的。其中，教学目标设计是课堂教学设计的起点，它对课堂教学的发展起着调整和控制的作用，制约着课堂教学设计的方向。学生已有水平是进行课堂教学设计的内在条件，在进行课堂教学设计时必须确定学生的已有水平，确定向教学目标努力的起点，并据此设计相应的外部条件。这些外部条件包括教学内容的组织安排、教学方法和教学媒体的选用及课堂教学结构的安排等。这些外部条件的设计要与学生的内在条件有机地结合起来，除此之外，还要考虑课堂教学设计是一项系统设计，在设计过程中，必须注意课堂教学系统各要素以及整个过程中各环节之间的联系，只有这样，才能获得最好的设计方案。

1. 科学、合理地确定课堂教学目标

科学、合理地确定课堂教学目标是进行课堂教学设计时必须正确处理的首要问题。所谓教学目标是指教学活动的指向或预期的学生行为改变的结果。这里所说的行为改变包括知识、智力、情感、身体素质等各个方面。教学目标是课堂教学的出发点和归宿，对课堂教学活动起着调整和控制作用。事实表明，对课堂教学目标认识不清，没有看到它是进行教学活动首先应该明确而又必须全面贯彻的问题，是导致课堂教学质量低下的原因之一。所以课堂教学活动必须有明确的教学目标，课堂教学设计应从教学目标开始，教师必须重视教学目标的选定以及对其进行准确的阐述。

传统教学存在的问题之一是对教学目标理解的片面化，教师提出的主要目标就是使学生掌握知识和技能，其他目标则被忽视。因此，课堂教学设计在目标的选定上应确立综合发展的观念，要考虑德、智、体、美、劳诸方面的要求，既要有学生在认知领域应达成的项目，也要有学生在操作领域应达成的目标，还要有学生在心理、道德素质方面应达成的目标。总之，应着眼于学生多方面素质的综合训练，同步培养，使之和谐一致地得到全面健康的发展。

选定教学目标是设计与实施教学的首要工作，而如何表述教学目标使之发挥最大的效能也是一项很重要的工作。教学目标的传统表述常以教师为本位，以较抽象、笼统的话语来表达。例如，“通过这节课的教学，我们要培养学生发现、分析、解决问题的能力”。这样表述的教学目标不够明确，过分笼统含糊，难以观察、测量，很难确定教学目标是否达成，因而对教学活动的指导作用往往流于空泛，没有发挥它应有的作用。那么一个规范的教学目标应怎样阐述呢?由于各门学科的具体内容不同，学生的年龄阶段不同，因而教学目标的具体阐述也各不相同，但其基本要求是：应明确教学对象；应说明通过教学，学生应能做什么，即行为；应说明学生操作的对象，这一般是对所学课题内容的描述；应说明学生的行为在什么条件下产生；应规定评定学生行为的标准。目标明确具体，切合实际，能给教学提供具体的指导。当然，在实际运用中，并不需要机械地按照这样五个部分组成的形式编写教学目标。

按照上述方法表述的教学目标具有具体、明确、可观察和可测量的特点，有利于评价教学结果，但它本身也有缺点。在实际教学中，有许多作为目标的心理过程难以采用表示外显动作的术语来描绘，如情感领域内的行为目标很难表述，因为学生在这方面的行为变化难以观测，常常是内隐的，要具体描述情

感目标，只有通过一些事实来说明。我们可以先用描述内部心理过程的术语来陈述、概括教学目标，然后用可观察的行为作为例子使这个目标具体化。例如，体育课教学的一个目标是“学生懂得参加体育锻炼的重要性”，具体的教学目标可从以下几个方面确定：学生能坚持参加体育锻炼（跑步、打球、游泳等）；学生积极报名参加年级、学校运动会的一些比赛项目；等等。这样既可以避免用表示内部心理过程的术语表述目标的笼统性和含糊性，也防止了教学目标的机械性和局限性。

在具体设计教学目标时，还应以单元或课时的教学内容为依据。首先要深入钻研本门课程的教学大纲，理解和掌握国家对本门课程的基本要求，在此基础上具体分析某单元某课时的内容，注意从整体上分析把握。其次，用概括性术语列出单元或课时的综合性目标，然后用能引起具体行为的术语，列出一系列能反映具体学习结果的教学目标来解释每个综合最佳目标。

2. 根据学生已有水平设计教学起点

要进行课堂教学设计，还应该对学生有一个客观的、正确的评价。准确地把握学生的已有水平，是成功教学十分重要的前提。因此了解学生已有的水平来确定教学的起点是一切课堂教学设计所必须重视的。

首先，要了解学生心理发展的一般特点。心理学研究表明，不同年龄阶段的学生表现出不同的心理发展水平及特征，学习能力和学习特点也有较大差异。以思维的发展为例，小学生以具体形象思维为主，初中生处于具体形象思维向抽象思维过渡的阶段，而高中生的抽象逻辑思维则有了很大发展。在进行课堂教学设计时对这些一般的特点必须加以考虑，这对于教学方法、教学媒体的选择十分重要。除了了解不同年龄阶段学生发展的共同特征外，学生的个性特征，包括气质、性格、能力等几个方面也应了解。我们研究学生发展中的共性与个性两个方面，目的在于根据学生的特点确定教学目标，选择相应的教学方法和教学媒体，安排不同的课堂教学结构，也就是说安排适合学生内在条件的外部条件。

除了了解学生的一般特点外，我们还必须了解学生对某一单元或某一节课教学的准备情况，了解学生已有的知识背景，了解学生是否已具备学习新课题的条件，以便决定教学的起点。很多学科特别是数学具有累积性及连续性的特点，学生必须学会简单的知识、技能，才能学习高深的知识、技能。例如，要教“两位数进位加法”，教师就必须明确学生是否已掌握了“一位数进位加法”

和“两位数不进位加法”。如果学生已经掌握了这些知识，我们也就知道了该从哪里开始教学。

了解学生对于某个单元某节课教学的具体准备状态，不能仅凭教师的印象或直觉猜测，需要借助测验、谈话、观察等手段。例如，在教学之前给学生一个测试，我们就可以看出学生的起点水平；也可以在课堂上询问学生，如“有多少同学曾经用过显微镜?”这样，通过测验、谈话等方式，我们就可以了解学生对某课题的准备状态，据此可以确定教学的起点。

3. **教学内容设计**

教学内容的设计过程也就是教师认真钻研教科书、选择组织讲授内容的过程。教学内容集中体现在教科书中。但是，由于教科书的编排和编写受到书面形式等诸多因素的制约，总是存在一定的局限性，如往往偏于顾及知识的逻辑结构，难以更多顾及学生的认知结构。为达成教学目标，教师不可能原封不动地将教材搬给学生或不加指导地任凭学生自主学习，而要根据教学目标的要求，结合学生的实际水平，对教材进行再加工，对教材进行取舍、补充、简化，重新选择有利于目标达成的材料。所选的材料要具有科学性、思想性、启发性，并有一定的深度和广度。根据教学目标选定教学内容后，就需要对这些内容进行恰当的安排，使之既合乎学科知识本身内在的逻辑序列，又合乎学生认识发展的规律，从而把教材的知识结构和学生的认知结构很好地结合起来。只有这样，才能使学生快速有效地掌握知识，顺利地达到目标。

教学内容可以按照演绎法和归纳法两种方法来组织。演绎法是指按从一般到特殊的顺序组织材料，即从概念或原理开始，导引至事实，然后至观察、应用及问题解决。采用此方法组织内容，可以先设计“先行组织者”。所谓“先行组织者”是先于新知识本身而呈现给学生的引导材料，它在概括与包容的水平上高于新知识，同时又能清晰地同学生原有的认知结构相关联，是新旧知识发生联系的桥梁。“先行组织者”后按照从一般到特殊的顺序组织内容，采用逐步分化的过程，把范围较广的概念分解成范围较窄的概念，由抽象到具体穿插足够的材料和实例帮助学生掌握。在渐近分化的同时注意融会贯通，帮助学生形成完整的知识体系。按归纳法组织内容，即由事实、事物细节开始，导引至概念及原理的形成，而后至问题的解决。布鲁纳主张按此种方法来组织和呈现教材。他认为采取这样的学习过程是可取的：从各种事例归纳出一般法则，以掌握扎根于事实的结构，并用来解决新问题。在这种观点的指导下，教材的组织是从特殊事例到一般原理，即先提供有助于形成概括结论的实例，然后概括出一般性的结论。当然，上述两种方法经常是结合在一起使用的，不可能只绝对地使用一种方法。

4. 构建数学模型的课堂教学设计

通过联系学生的生活实际和经验背景，帮助学生达到更复杂水平的理解；适时与挑战性的目标进行对照，对学生的学习有一个清楚的、直接的反馈；能够使学生对每个学习主题都有一个整体的认识，形成对于事物的概念框架，并有进一步探究的愿望。

例如，平均数的问题：河边上的牌子上写着“平均深度为 1.1 米”，一个 1.4 米的小孩能跳下去而不出危险吗？

课堂上先组织学生讨论，再回答。有的学生说不出危险，理由是小孩的身高为 1.4 米，高于河水的平均深度 1.1 米，所以没有危险。又有学生提出反对意见，说有可能出危险，因为水的平均深度是 1.1 米，则水的深度有可能超过 1.4 米，这时水深高于小孩身高，就会出危险；同时也有可能水深只有 1 米，低于小孩身高，这就没有危险。此时教师对于学生的各种回答应给予肯定的评价和表扬，从而共同建立平均数这个概念的数学模型。同时和学生一起探讨有关日常生活中的平均数，“我们还可以举出同样的例子吗？”以此开发学生的思路，将数学和实际生活联系起来，让课堂围绕有趣的问题在数学模型的建立中充满快乐。

因此，在教与学观念转变的前提下，教师要增强应用数学的意识，突出主动学习、主动探究。教师有责任拓展学生主动学习的时空，指导学生撷取现实生活中有助于数学学习的花朵，启迪学生的应用意识，而学生则能自己主动探索，自己提问题、自己想、自己做，从而灵活运用所学知识以及数学的思想方法去解决问题。

5. 开放的课堂教学

新课程的实施策略更显出课堂是瞬息万变的，教师只能从学生的现状作出多种假设，拟定一个大致的框架、轮廓或者是学习的最佳路径，以供学生运用，并在运用过程中随时调整。

新课程实施后，教师将面临很多操作方面的困难。有时教师会遇到欲行不能，欲罢不忍的境遇。新课程实施过程中当然有主要来自教学环境、条件、设备等客观方面的问题，而主观方面的问题则主要是教师对新知识、新技术、新的组织形式、新的教学设计、新的合作关系等准备不足。

新课程背景下，为了上好一节课，教师往往要花更多的时间去备课，上网，去图书馆，到所有能找到资料的地方。备课量大了，工作压力大了，一线的教师都有共同感受，但也感觉比以前的上课方式更有创造性，新课程为充分发挥教师的才智提供了平台。

课堂教学的改革是一个从有序到无序，再到有序的过程，某一节课的教学任务完成与否并不影响学生的整体发展。课堂教学最重要的是培养学生的自主学习能力和创新素质，这是学生发展进而也是教学发展的根本后劲。

课堂教学应该关注生长、成长中的人的整个生命。没有挑战性的课堂教学是不具有生成性的；没有生命气息的课堂教学也不具有生成性。从生命的高度来看，每一节课都是不可重复的激情与智慧的综合生成过程。

6. 教学方法和教学媒体的选用设计

教学方法和教学媒体两者是紧密关联的。一方面，教学方法一般都需要教学媒体的配合，教学方法具有物质性的特点。所谓教学方法的物质性也就是它对教学媒体的依赖性，这是不以人的意志为转移的。另一方面，媒体的使用必须贯穿一定的教学方法。教学方法和教学媒体是相互作用的，任何一方不恰当，均会影响课堂教学效果。

教学方法是指在教学过程中，教师和学生为完成教学任务所采用的手段和途径。古今中外积累起来的教学方法极为丰富多样，但任何具体的教学方法都有它的特点、功能和适用范围，没有任何一种方法是万能的。所谓“好的教学方法”实为在一定条件下的最适当的方法。教学方法的选择和运用要受到各种因素的制约，那么根据什么标准来选择教学方法呢？在具体选择时，教师要根据教学目标、教学内容的要求、教学媒体与学生的实际水平以及学校的环境和设备等具体情况来选择恰当的方法。不同的教学目标要求运用不同的教学方法。即便是同样的教学目标，所要求的教学方法往往也不一样。此外，教学方法的选用不能脱离学生的原有基础，而且要有利于调动学生学习的主动性。以上几条标准是一个整体，在选择教学方法时必须从实际出发，以整体性的观点全面综合地选择和合理地组合运用多种教学方法，才能提高课堂教学质量。

教学媒体是传递教学信息的工具，它直接沟通教与学两个方面，对课堂教学的效果影响很大。课堂教学设计中媒体的含义非常广泛，包括语言、文字、粉笔和黑板等所谓的传统媒体和现代电子媒体在内的一切媒体。同教学方法一样，教学媒体种类繁多，如何选择教学媒体也是课堂教学设计的重要一环。具体说来，媒体选择的标准有以下几个方面：第一，教学媒体的使用必须服务于教学的整体目标。不同的教学媒体，其特点、功能各不相同，所实现的具体目标也不相同，应该根据具体的教学目标选择相应的教学媒体。例如，教学目标是让学生纠正某一动作技能的错误，最好的选择是录像；又如，声乐学习中不同发声法的比较和模拟，则可以利用录音机。第二，要以教学对象、教学内容的特点为出发点。在选择教学媒体时，教师要始终把学生放在中心地位，使学生的积极性、主动性得以充分发挥。教学媒体还要适合表现教学内容，如了解一静止事物，幻灯、图片常可获得令人满意的效果，而学会一种运动动作，用录像、电影等手段比文字描述的效果更佳。第三，根据媒体的基本特性选择恰当的教学媒体。不同的教学媒体在传递教学信息时，其功能是不同的。在进行课堂教学设计时，一定要了解各种教学媒体的特点、功能及其局限性，选择恰当的教学媒体。关于教学媒体的研究已经说明，不同的教学媒体各有所长，各有所短，不存在对所有教学情境都适用的或万能的教学媒体。我们要克服重此轻彼的倾向，要注意多媒体的组合运用，使之结构合理，配备恰当，发挥整体效益，以利于教学目标的实现。

7. 教学评价的设计

在一切系统中都存在着信息反馈，没有信息反馈，系统就无法实现有目的的最佳运用。课堂教学作为一个动态系统，要达成既定的教学目标，也必须在经常的调控中才能实现。教学评价就是对课堂教学系统实施调节与控制的必要手段和重要依据。

教学评价种类繁多，按评价功能分，可分为准备性评价、形成性评价和总结性评价。准备性评价指的是在具体教学前实施的评价。通过准备性评价，教师可以了解学习的准备情况，可据此决定教学的起点。形成性评价是在教学过程中，为使活动效果更好而进行的评价。形成性评价的目的在于帮助教师更清楚地了解学生学习的进展情况，并使教师根据这一反馈信息来调节教学活动。它贯穿整个教学过程，如一个单元或课时结束时的小测验，即属于形成性评价的测验。总结性评价指某项活动告一段落时为把握最终的活动成果而进行的评价。对于单元或课时的教学来说，主要是进行准备性评价和形成性评价，总结性评价一般在学期结束时进行。

教学评价是课堂教学必不可少的一部分，它既是教学活动本身，又为教学活动提供反馈。在进行课堂教学设计时，教师要对这些评价做出适当的安排，预先做好准备。课堂教学设计中要进行的有关评价工作主要有：

（1）确定评价标准。教学评价是一个确定学生达成教学目标程度的综合过程，教学目标是评价的出发点和依据。课堂教学设计强调设定明确具体的教学目标，这也使教学评价有了一个明确、具体的标准。

（2）根据教学目标选择评价手段。当教学目标确定后，则应选择和使用适当的评价手段。选择评价手段时应注意各种评价手段都有其局限性，某种评价手段，对一些目标是合适的，而对另一些目标则有可能不适合。例如，客观测验中的匹配题答案多，可同时考察许多相关事物的知识及理解能力，适用于考察人物与事件的关系、事件与时代及场所的关系、因果关系、知识的应用等评价目标，但不适用于对必须正确记忆的事实、原理以及更复杂的能力的评价。因此，我们要根据特定的教学目标，选择各种相应的评价手段，以求获得更综合和客观的反馈信息。

在课堂教学中，教师可以通过观察、课堂提问、练习、测验等手段及时了解学生的学习情况，获得反馈信息。教师在进行教学评价设计时，要围绕教学目标，对于所要提出的问题、练习题、测试题进行精心设计。教师可根据每节课的教学目标，精心编选一些诊断性测试题，包括判断题、填空题、匹配题、选择题等，供每节课结束前的小测验使用，通过测试获得学生达成教学目标的程度。一个单元结束时，教师可利用课内时间进行形成性测试，通过测试回收学生单元达标的信息，然后根据获得的反馈信息调整教学活动。

8. 课堂教学结构的设计

前文已谈过如何确定教学目标，分析和组织教学内容，以及教学方法和教学媒体的选择、教学评价的设计等，但归根结底都要回到具体的课堂教学结构上来。所谓课堂教学结构，是指教学系统诸要素在课堂教学中的组合形式，是课堂教学各个环节相互联系的具体体现。课堂教学结构的设计也是课堂教学设计的重要一环。

现代认知学习理论认为，教学活动是一系列作用于学生的外部活动，这些外部活动的进行是为了促进和激发学习的内部过程，所以课堂教学结构的设计必须符合学生学习的内在规律，才能有效地促进学习。

研究表明，学生按预期目标进行学习时的内化过程一般为：①接受；②期望；③有关知识技能的回忆和检索；④选择性知觉；⑤语义编码；⑥反应；

⑦强化；⑧恢复和强化；⑨恢复和组织。与这一内部过程相对应的，能促进学生学习的外部教学活动为：①引起注意；②告诉学生目标；③刺激学生对先前学习的回忆；④呈现有关学习内容；⑤给予学习上的指导，促进学生学习内化；⑥教师加强诱导行为，让学生实际操作；⑦在学生思考与练习的过程中及时提供反馈，教师告诉学生什么是对的，什么是错的，为什么是对的，为什么是错的；⑧检测学习效果，评定学习行为；⑨提问总结，增强记忆与促进迁移。

上述九个环节是理想的、完整的教学过程，但并不是每节课、每个教学目标都必须有九个环节，不同的教学目标可以有不同的环节，一节课也可以只有其中某几个环节。

课堂教学结构的设计首先要根据具体的教学目标、教学对象及教学内容恰当地选择教学环节。在选定教学环节之后，教师要具体设计课堂教学各环节的组织，如采取何种手段引起学生注意，采取何种方法、运用何种媒体呈现有关内容，等等。教师要在教学环节设计的基础上进行“总装”，使课堂教学结构中诸环节衔接自然，协调有序，使之从整体上形成最佳的组合，以保证整体功能大于各部分之和，保证教学目标的实现。

在进行课堂教学结构设计时必须注意具体问题具体分析。教学目标不同，学生特点不同，学科内容不同，具体的课堂教学结构的程式也就有所不同，教师一定要从实际出发，使课堂教学结构具有鲜明的针对性和有效的适应性。

二、教学设计的特征

教学设计是课堂教学的蓝图，是落实教学理念的方案，是提高课堂教学效率、促进学生全面发展的前提和保证。在实施数学新课程的今天，课堂教学设计如何改变传统的教育理念，依据数学课程标准，创造性地使用教材，恰当地选择教学方式和方法，有效地提高学生素质，成为大家关心和思考的问题。

传统意义上的教学设计过分强调预设、封闭，使课堂教学变得机械、沉闷和程序化，师生的创造性得不到充分发挥。而现在颁布的课程标准，明确提出了知识与技能、过程与方法，以及情感、态度和价值观的三维目标，以实现结论与过程、认知与情感、科学世界与生活世界的统一。因此，符合新课程标准理念的教学设计应该具有以下主要特征。

1. 整合性

教师在设计课堂教学目标时，应体现知识与能力、过程与方法、情感与态度的有机整合；在设计各个教学过程中，应紧紧围绕目标，让学生主动探索，获得数学知识，掌握数学思想和方法，培养学生丰富的情感、积极的态度和正确的价值观。

2. **双主性**

课堂教学是教师和学生两个主体进行合作和相互作用的过程。任何一个教学目标的实现，既离不开学生，也离不开教师，两者缺一不可。一份好的教学设计不仅应体现教师如何教，同时也应体现学生如何学，促使师生之间的知识互动、情感互动和思维的碰撞，让课堂焕发出生命的活力。

3. **开放性**

教学设计在教学内容上，应从传统的书本知识向生活数学开放，把学生的个体知识、直接经验看成重要的课程资源；在教学的过程上，应从单向的教师教、学生学向师生交往、互动开放，让预设的教学目标在实施过程中开放地纳入学生的直接体验以及始料未及的体验；在教学方法上，应从灌输式的教学向学生的自主学习、探究学习、合作学习开放；在练习的设计上，应从答案唯一、解法唯一向条件、问题、算法和结果的开放，以发展学生的思维，培养学生的创新意识。

4. **实效性**

教学有法，教无定法，贵在得法，重在实效。教学设计的最终目的是实现课堂教学目标，所有的教学内容的确定、教学策略的选择、教学媒体的选定、教学情境的创设、课堂教学结构的安排等，都必须注重实效，放弃与实现教学目标无关的内容、方法和形式，扎实地提高学生的素质。

5. **创造性**

教学设计是教师在教学过程中的创造性劳动。传统的教学设计忽略了课堂变化这一基本事实，扼杀了教学的创造性。新课程使教师灵活发挥的空间增大。例如，新编的中学数学教材的综合性及弹性加大，信息技术的发展，课程资源的丰富，都为教师提供了一个创造性发挥的空间。因此，教师撰写教学设计的过程应成为对教材的理解、领悟和创造的过程。

6. **反思性**

教学是一个连续的、不断改进和提高的动态过程。教学设计不仅是上课前的构思，而且要在上课后不断地反思和补充、完善，使教学设计展现于具体的教学实践之中，融汇于具体的教学过程、情境和环节之中，完善于教学之后的自我校正、自我完善的动态思考中。

三、新课程课堂教学设计的原则

数学教学过程发展的最高层次是学生的创造能力和发现能力的发展。学生认知结构的扩展过程也是一个不断创造、不断发现的过程，是将人们已经发现的结果进行再创造、再发现的过程。随着教育理论的发展、教育思想的不断更新，确保课堂教学更高效地落实学生素质的全面和谐发展，尤其是培养学生的创新和实践能力，就显得十分重要和迫切，因此教师应加强课堂教学设计的创新性研究。

在遵循一般教学设计原则的基础上，创新应遵循前瞻性原则、灵活性原则、实效性原则和可行性原则。

1. 前瞻性

前瞻性原则要求教学设计必须以先进的教学理念为指导，将先进的教学思想、教学方法引入课堂，不搞故步自封、墨守成规，也不能搞闭门造车、主观臆断。只有充分体现教学理念的前瞻性，课堂设计才能更好地调动学生参与的积极性，才能更好地发展学生的综合素质和个性特长。

2. 灵活性

教学设计的创新研究不是一成不变的，任何人都不可能找到万能的教学模式。针对不同的课型、不同的学生、不同的教学条件，教师要进行不同的教学设计，即努力使特定情况下的教学各环节达到最合理的匹配。

3. 实效性

教学设计无论其形式多么新奇多样，都务必讲求实效，因为追求“高、新、优”的教学境界是我们进行教学创新的根本目的。对教学设计重视不够，课堂上随意性较大，学生学习不得要领，因而导致课堂效率不高，为了提高学生学习成绩，只得课后补课，这样做势必加重学生的课业负担，违背了课堂教学的实效性原则。

4. 可行性

教学设计必须与学生的现有水平及教学环境相适应，否则，无论教师的教学理论多么先进，教学水平多么高，都不可能达到预期的效果。

第二节 高中数学教学设计的基本原则及操作方法

一、高中数学课堂教学设计的基本原则

数学新课程的教学设计是指在现代数学教学论、数学学习论及现代传播理论的基础上，运用系统分析法对教师、教学内容、学生及教学环境等因素进行整体分析，确定教学目标，选择和运用教学、学习策略及教学、学习模式，为实现最优化的教学效果而制定的一种方案或策略。

（一）方案或策略

1. 整体性策略方案

整体性策略方案是指在设计教学时要全面考虑教学的任务、教学目标、教学内容、教学组织形式、教学方法、学习方式方法等方面的因素，使多种因素能够协调一致，相互适应，向着共同的目标形成合力。

2. 主体性策略方案

主体性是现代教学的本质特征，其表现为三个不同层次，即自主性、主动性和创造性。这就要求教师在设计教学时实现指导思想的转变，把学生当作学习的主体，一切教学内容和活动设计都要为学生全面发展和个性充分发展服务。教学内容的选择要关注学生生活的世界，构建课本与现实世界的桥梁，关注学生学习方式的转变过程，以及学生在学习中情感、价值观的体验，等等。教师要自觉实现角色转变，成为学生学习的促进者、引导者、组织者。教学策略实现由重知识传授向重过程体验、重学生发展转变，由重教向重学转变，由重结论向重过程转变。

3. **发展性策略方案**

“一切为了学生的发展”是新课程改革的根本理念。学生的发展是全面的发展，包括知识、技能、情感、价值观等方面的发展，以及学生个性的充分发展。教学是认知、情感交流的过程，更是学生整体生命成长、发展的过程。因此，教师要用发展的眼光来设计教学，注重在教学中启发学生积极思考、主动学习，注重挖掘教学内容中知识的、情感的、价值观的因素，让学生参与到教学中来，与教师共研讨、共探索、共提高、共发展。

4. **过程性策略方案**

现代教学区别于传统教学的一个显著特征就是“过程重于结论”。传统教学的误区就在于重传授结论，轻过程探究，这一条扼杀学生创造性的所谓捷径，从源头上剥离了知识和智力的内在联系，排斥学生的思考和个性，把教学过程庸俗化为机械的听讲和记忆，这是对学生智慧的扼杀和摧残。重过程在于让学生“会学”，重在让学生亲自体验知识的发生、发展过程，掌握学习的方法，主动探究知识。学生明白“为什么是这样”“这是怎样来的”，同时体验到学习成功的乐趣，增强了学习的直接动机，对学生的意志品质也是一场考验和锻炼。

5. **开放性策略方案**

新课程理论主张课程是开放的，因此教学实施的基本途径也应该是开放的。课程的开放性是指课程内容的开放性、课程目标的开放性、课程实施的开放性。教师在设计教学活动时要考虑师生互动、多感官参与、灵活多变的学习方式，立体教学信息传递以及多种教学组织形式；要营造一种宽松、和谐、愉悦的气氛，使学生的心态和思想不受拘束，保持自由与开放，让学生展开想象与思考的翅膀，去学习、研究实现自身生命的价值。教师还要加强对学生开放思维的训练，培养学生敢于质疑、勇于探索、不迷信权威的意识。

6. **情境、体验性策略方案**

教师要善于创设良好的学习环境，激发和改善学生学习的心态与学习行为，为每一个学生提供并创造成功的条件和机会，让学生获得生命的体验，以愉悦的学习促进学习的愉悦。因此在教学中教师首先要精心设计教学情境和体验情境，让学生积极参与到教学活动中来，获得生命成功的体验，经历挫折与失败的考验。

（二）原则

课堂教学设计按时间分为长期与短期两种，也可分为学期、单元、课时三种。但是，最主要的还是在一节课内的教学设计．按课堂教学的对象来分，课堂教学设计可分为班级集体授课设计、班级小组授课设计、个别化教学设计等几种。按场地分，课堂教学设计可分为教室授课设计、图书馆教学设计、室外考察的教学设计等。当然还可以按教学的知识目标来区分课堂教学设计，如陈述性知识的设计、程序性知识的设计、策略性知识的设计等。不论哪种教学设计，都应当服从以下几项原则。

1. 教学设计的目标性原则

在设计课堂教学目标时，必然会遇到的问题是，教学目标如何解决班级整体目标与个体目标的矛盾。如果教学内容的思考性比较强，个体学习的差异相对比较大，这一矛盾就会更加突出。面对这一矛盾，我们传统的做法是设计时以整体目标为依据，适当照顾个体学习困难的学生，如在课堂提问时，设计相对浅显的问题，或者留出适当的时间对他们进行个别点拨。然而，可以预见的事实是，浅显的问题既会使学生产生“回答这类问题的学生无能”的暗示，又会使他们很难有面对困难的机会与勇气；而留出的时间常因教学内容较多而无法兑现。因此，这两个方法虽然也能起到一定作用，但并不能解决问题。对某一段知识的学习不太适应的学生，常常上课时因为遇到一处无法及时解决的问题，而影响了后面知识的学习，使学习进度落后于大多数学生。长此以往，一个学习困难的学生可能就产生了。现代教学理论强调教学设计的个别化原则，这一原则并不是说教学方式的个别化，而是强调在集体授课时，应当将帮助个体学习作为教学设计的重要目标，因为，并不只是学习困难的学生有课堂学习的困难，学习优秀的学生也会遇到，不过，他们的困难可能是教师教的内容他已经掌握了，或者他的某一个想法与众不同，可又遇到了困难，不能当众向老师提问。个别化要求正是用来解决这一问题的。

由于教学过程是多因素构成的，因此在进行设计时，有时可能为了考虑某几个因素，而忽视了其他因素的作用。教师的考虑越周到，设计的教学过程越会贴近学生学习的实际。但是，教师在大量考虑教学过程中的种种问题时，必须对这些问题及可能在教学时发生的现象认真分析研究，筛选最值得与学生讨论的问题与可能出现的现象，准备好方法与对策，尤其重要的是明确每一个问题与方法的直接目标，在教学时通过及时反馈来了解个别学生的学习情况，这是实现教学目标的重要保证。同时教师还要将每一个直接目标与长远计划相对比，以形成连贯的教学设计，为实现长期设计奠定基础。

例如，“椭圆的简单几何性质”教学目标设计。

教学目标：

(1) 知识与技能：掌握椭圆的范围、对称性、顶点，掌握 a，b，c 的几何意义以及它们的相互关系，初步尝试利用椭圆标准方程的结构特征研究椭圆的性质。

(2) 过程与方法：利用曲线方程研究曲线性质的方法是学习解析几何以来的第一次。通过学生自主探究，使学生经历知识的产生和形成过程，不仅重视对研究结果的掌握和应用，更重视对研究方法的思想渗透以及分析问题和解决问题能力的培养。通过体验数学发现和创造的历程，进一步培养学生观察、分析、类比、逻辑推理和理性思维的能力。

(3) 情感、态度与价值观：通过自主探究、交流合作使学生亲身体验研究的艰辛，从中体会合作与成功的快乐，由此激发其更加积极主动的学习精神和探索勇气。通过多媒体展示，让学生体会椭圆方程结构的和谐美和椭圆曲线的对称美，培养学生的审美习惯和良好的思维品质。

2. 教学设计的互动性原则

班级集体授课方式在师生间或学生间的人际互动方面应注意形成积极而单调的关系。首先，师生间的相互关系有这样几种方式：①主从型。教师处于主导的支配地位，学生则处于被支配或服从的地位。②合作型。教师与学生有共同的目标，为达到目标，双方能够互相配合，相互让步、忍耐。③主从—合作型。这是师生间一种互补、对称的混合型的人际关系，如果合作因素超过主从因素，则是比较理想的方式。④竞争型。这是一种既使人兴奋、紧张，又使人不安、消耗精力的人际关系。⑤主从—竞争型。这种关系常常包含主从型与竞争型中的缺点，关系变化不定，既让人紧张又让人不安。前四种方式都有其优点，教师在进行教学设计时要依据客观因素给自己与学生的关系定位，关键在于将相互关系变成互动关系。教学的目的并不仅仅是知识目标的达成，教师在许多方面都会对学生产生重要影响，如敢想敢干、认真严谨的研究精神，积极进取、乐观宽容的人生态度，等等。一般情况下这些个性品质方面的目标在教学设计时不会考虑，教师更多地考虑知识技能方面的目标。师生互动的要求则提醒教师注意自己的态度对学生的影响，甚至某些非言语行为（如面部表情、手势等）都应当考虑在不同情境中的作用。师生互动的目的是让学生处于积极学习的状态，教师对每一个学生都要作出分析，了解用何种方法可以使他们处于积极的状态。

其次，学生之间的互动有两种方式：一是竞争方式。个体之间、个体与群体之间的目标是相互排斥的，学生在竞争的气氛中能够更加主动、积极地进入学习状态。但是，其缺点也很明显，每一个学生都想超过别人，在紧张的气氛中，学生更容易产生疲劳感而厌倦学习，尤其是竞争失败者。此外，自私、狭隘的不良个性倾向也会滋生。二是合作方式。个人之间的目标、个人与集体之间的目标共同点比较多，在这种情境中，学生对班级、学科及教师都能保持积极的态度，相互间的气氛活跃而融洽，更能促进学生积极学习，学生也更易接受别人的意见，并形成更熟练的社会技能。由此可见，师生之间的主从—合作方式、学生间的合作学习方式是我们追求的目标。

例如，“指数函数的概念”的两种教学设计对比。

第一种设计：

（1）介绍指数函数的概念。

（2）给出一些指数函数、非指数函数的例子，带领学生参照定义，辨别哪些是指数函数，哪些不是指数函数。

（3）提供若干个辨别指数函数的练习，让学生仿照刚才的方法解决它们。

第二种设计：

（1）测年方法进入考古学研究被誉为考古学发展史上的一次革命，它将考古学研究引向深入，其中测算公式是一个指数式。

（2）据国务院发展研究中心预测，未来20年，我国GDP年平均增长率为7.3%，那么x年后，我国GDP值y是现在的$y=1.073^x$倍。

（3）某种细胞分裂时，由一个分裂成2个，2个分裂成4个……这样，细胞分裂x次后得到$y=2^x$个细胞。

请问：（2）（3）两个对应关系能否构成函数，为什么？若能，请分析这两个函数有什么共同特征？与同伴进行交流。

对两种设计的点评：第二种设计是让学生通过对具体情境的分析来认识理解指数函数概念的。学生在这一活动中经历了一个有价值的探索过程：如何由若干个特例归纳出其中所蕴含的一般数学规律；同时，尝试用数学符号表达自己的发现，与同伴交流。在探索中，学生不仅接触到了指数函数，更了解到为什么要学习指数函数，还通过经历应用数学解决问题的过程感受到了数学的价值。当然，从事这个探索性活动也非常有利于学生归纳能力的发展，进一步说，这个过程是实现数学思考、解决问题、情感与态度等目标的途径。

3. 教学设计的系统性原则

教学设计虽然不能看成刻板的计划，但是，在设计中还是应当按照系统性的要求处理教学目标、教学步骤。因为，影响教学的因素实在太多，教师在课堂上也很容易被其他因素影响，这时候教师首先要考虑到教学的系统性要求，不宜在这些问题上用太多的时间，当然也不能训斥学生乱想，而应很好地引导。在教学过程的系统设计中，从教学目标到教学评价，前后若干个步骤环环相扣，每一个步骤的设计都要符合实证研究的要求。同时，每一个步骤的完成都应当有助于下一步的实施。当然，专为发展学生想象力的课程不必这么严格。

例如，两位教师对“函数单调性”的不同设计。

教师甲：

教学目标：理解函数单调性的定义，初步掌握判别函数单调性的方法、函数单调性的证明、“数对”确定位置的方法，并能在方格纸上用“数对”确定物体的位置。

教学设计：

（1）教师让学生用描点法画出 $y=x^2$ 的图象。

（2）学生在教师指导下，分析函数 $y=x^2$ 的特点，归纳增函数、减函数的定义，最后达成教学目标。

评析：从这节课的目标确定与教学过程设计来看，认知性教学目标是主体，尽管教学设计质朴，也考虑了学生已有的知识基础与生活经验，但却造成了学生的单一认知发展，缺少良好的情感体验及运用知识解决实际问题的机会。

教师乙：

教学目标：

（1）学生通过对具体情境的分析，探索函数单调性的定义。

（2）根据定义能够对具体的情境作出判断，初步掌握判断函数单调性的方法。

（3）让学生在具体情境中感受数学与生活的密切联系，自主发现和解决数学问题，并从中获得成功的体验，树立学习数学的信心。

教学设计：

(1)（创设问题情境）用多媒体展示某地区2007年元旦这一天的气温变化图，教师引导学生观察图象，提出如下问题：说出气温在哪些时段内是逐步升高或下降的。怎样用数学语言描述上述时段内“随着时间的增加气温逐渐升高”这一特征？

(2) 对学生的表述进行分析、归类。

(3) 引导学生得出关键词“区间内”“任意”“当$x_1<x_2$时，都有$f(x_1)<f(x_2)$”（此时教师指出，把满足这些条件的函数称为单调递增函数，并且类比得到单调递减函数的概念）。

(4) 在师生共同研究了函数单调性的定义后，教师设计了一个游戏活动——学生分组比赛，让学生抢答说出一些具有单调性的函数，其他学生判断正误。

(5) 教师用多媒体展示函数图象，让学生抢答说出单调区间，其他学生评判对错。

(6) 随后教师要求学生根据定义证明函数$f(x)=-x^2$在$(0, +\infty)$上是减函数。

(7) 学生自行归纳证明函数单调性的一般方法和操作流程。

评析：这样的教学设计不但使学生掌握了函数单调性的概念，同时还体会到数学与生活是密切联系的。在这样的过程中，学生既掌握了知识，又享受了成功，体验了快乐。

通过以上两个教学设计的对比不难发现确定教学目标的重要性。因此，教师在教学中要确定恰当的教学目标就必须正确处理好课程标准、教材和学生水平三者之间的关系，同时关注认知、情感与动作技能等目标的不同层次。

二、高中数学教学设计的方法和思路

如何上好一节课，让学生在宝贵的课堂教学中收效最大，即提高课堂教学效果，课堂教学目标的确定和设计将显示其重要性。为了使课堂教学成为学生自身的科学活动过程，使课堂教学中的各种教育影响内化为学生个体的内在科学素质，教师在课堂设计过程中要突破传统教学设计的束缚，创设新的思路和方法。在每一节课的教学中，教师都应该深入分析研究课题目标，弄清哪些目标是重点目标，哪些目标实现起来比较困难，从而确定出符合实际的教学目标。

每一课时可以一个基本目标为主干，不可能对所有目标全部落实到位。就体验性目标中的“过程与方法”课堂教学设计思路来说，教学设计思路是教学设计和教学实施过程中的主线。教学设计思路在内部本质上主要体现了教师教学和学生学习的“思维发展主线”。教学思路的设计与实施，首先是教师在充分了解学生学习思维、充分研究教学目标和教材的前提下的“主观的创造性的活动”，然后才是课堂教学中师生双向思维发展变化的过程。

（一）教学设计方法

1. 让教学目标具有内驱力

教师在全面把握教材内容的基础上，在进行教学活动中要进行教学目的向教学目标的转化，体现出教学过程的层次性和阶段性，让不同层次的学生都有收获。制定教学目标是教学设计中至关重要的问题。教学目标不应是大纲中教学目的的简单细化或具体化，而应是对学生、大纲、教材进行科学分析、综合考虑的结果。例如，制定“等差数列”的教学目标时，根据学生的学习水平和认知规律，定出了“识记、理解、掌握、灵活运用”四个层次的智育目标的具体内容以及与之匹配的例（习）题：①识记——说出等差数列、等差中项的定义和有关概念，记住等差数列的通项公式和等差数列前 n 项和公式并进行简单的求值计算。示例之一，在等差数列 -2，-4，-6，…中，求第 8 项、通项公式与前 10 项的和。②理解——能判断一个数列是否为等差数列，会证明等差数列的前 n 项和公式。示例之一，写出一个等差数列，并依照求和公式计算前 10 项的和。③掌握——通项公式以及前 n 项和公式的熟练运用，并能运用它们解决实际应用问题。示例之一，已知数列 $\{a_n\}$ 的前 n 项和是 $S_n=-3n^2+n$，求它的通项公式；④运用——能根据给出的前 n 项和 S_n 的公式，证明一个数列是否为等差数列，能运用已知等差数列推证另一个数列是否为等差数列。示例之一，已知数列 $\{a_n\}$ 的前 n 项和是 $S_n=5n^2+3n$，证明这个数列是等差数列。除了上述较具体的智育目标外，德育、美育等方面的目标也要准确反映，因此给这个单元制定的德育和美育目标为：列举一些与等差数列有关的生活实例，认识数学与美。

2. 充分体现学生的主体地位

课堂设计要关注学生的学习风格、经验背景，了解学生在认识、情感、心理活动等方面的准备情况，了解学生学习新知识的习惯、方法、策略等，以便为不同的学生提供具体有效的学法指导。教师对不同学生的心理需要和表现特征要加以关注，并进行正确引导和合理利用。高中数学新教材必修5第三章“不等式”学习中，在学习了重要不等式和不等式的证明后，设计了一节“运用已知信息，开展思维活动”的活动课，目的是巩固和运用已学过的知识和方法，并加强学生探索能力的培养。课堂以分组活动的形式开展，要求每组学生认真完成下列问题。

已知命题：如果 a，b 都是正实数，且 $a+b=1$，那么$\frac{1}{a}+\frac{1}{b}\geqslant 4$。

（1）证明这个命题是真命题。

（2）根据已知条件还能得到什么新的不等式？试写出两个并加以证明。

（3）如果 a，b，c 为正实数，且 $a+b+c=1$，推广上述已知命题，能得到什么不等式，并加以证明。

每个学生主动参与本组讨论，很快掌握了（1）的两种证明方法。对于问题（2）让各组学生抢答，并对给出的答案给予证明，其中最快的一组讨论得出了两个新的不等式：$ab\leqslant\frac{1}{4}$，$a^2+b^2\geqslant\frac{1}{2}$。对于问题（3），要求每个学生独立探究后在组内陈述推广命题，并严格证明。大多数学生通过上述两小题的研究和讨论，很快得到命题：如果 a，b，c 都为正数，且 $a+b+c=1$，那么$\frac{1}{a}+\frac{1}{b}+\frac{1}{c}\geqslant 9$，命题的证明也规范而严谨。在课堂设计中，体现学生的主体地位应注重两方面：一是引导学生用已有的知识和经验主动构建新知识，形成新思想，掌握新方法；二是努力调动全体学生的学习积极性，使其成为课堂学习活动的承担者、参与者。

3. 使教材的认知结构和学生的认知构建和谐统一

教师在教学设计前，必须对教学内容重新组合，精心取舍，并按照新的切入点进行教学设计，力求做到教材的知识结构为学生的认知构建服务，努力实现学生的认知构建和教材知识结构的和谐统一。例如，高中数学教材中简单线性规划的教学设计框架如下：①提出问题。根据学生已有的函数和不等式知识，先让学生完成问题：已知函数 $z=2x+y$，其中变量 x，y 同时满足不等式 $4\leqslant x+y\leqslant 6$ 和不等式 $2\leqslant x-y\leqslant 4$，求 z 的最大值和最小值。学生很快得出 $6\leqslant 2x\leqslant 10$，$0\leqslant y\leqslant 2$，因此得出 $6\leqslant 2x+y\leqslant 12$，于是得到 $2x+y$ 的最小值是6，最大值是12。②讨论辨析。引导学生讨论、辨析上述结论是否正确，通过讨论，师生一致确定$6 \leqslant 2x \leqslant 10$，$0 \leqslant y \leqslant 2$是对的，但用$x$的最大值（小）及$y$的最大（小）值来确定$2x+y$的最大（小）值却是不合理的。事实上，由$6 \leqslant 2x \leqslant 10$，$0 \leqslant y \leqslant 2$得出$2x+y$的最小值是6，但此时$x=3$，$y=0$，$x+y=3$，这与已知条件$4 \leqslant x+y \leqslant 6$不符，故这种解法不正确。③尝试探索。激励学生尝试、探索新的方法。在教师的导情引思下，学生很快掌握了图象法解此题的方法和步骤：转化——将这个代数问题转化为几何问题、探求——平移直线并求出相关数据、表达——师生共同完成此例的解答表述过程、反思——引导学生归纳思考出代数解法产生错误的原因。④形成概念。对照例题采用类比的方法说明线性规划的意义以及约束条件、目标函数、可行域、可行解、最优解等概念。⑤归纳方法。对照例题的解决方法介绍线性规划问题的图解法，师生共同归纳出线性规划问题的解题步骤：画、作、移、求、答。⑥变式巩固。出示变式练习题，以求学生对上面解题方法的巩固掌握。这个过程依赖于学生已有的认知结构，通过碰壁、质疑、猜测和尝试，对数学知识意义主动建构。教师是活动的设计者、组织者、指挥者与批判者，利用情境（知识发生的真实情况）、合作（互相合作）、会话（用语言交流思想成果）、图形（作图及图形的利用）等学习环境要素，充分发挥学生的主动性、积极性，最终达到使学生有效地实现对当前所学知识进行意义建构的目的。

4. 让教学情境不断优化

（1）精心创设问题情境，努力发展学生思维。常言道，思源于疑，无疑不惑。要让学生在45分钟内高效率学习，就必须结合教学内容创设一系列问题情境，提高学生的学习兴趣。例如，等比数列前n项和的公式教学设计，以故事引入并提出问题：古印度国王舍罕与大臣下棋时，重赏棋艺高超的大臣达依尔（国际象棋发明人），大家知道奖赏的办法吗？请知道这个故事的学生接着讲完，然后提出问题“棋盘上有多少颗麦粒？大臣是如何计算棋盘上的麦粒数的？”带着这些问题，学生积极主动地去尝试探索等比数列1，2，2^2，…，2^{63}的求和问题。

（2）适当创设课外实践情境。广义上讲，学习是人类社会实践的一种特殊方式，是对不断发展的实践的理解和参与。教学设计应适时创设课外实践情境，让学生在实践中发展。例如，“分期付款中的有关计算”是学完数列单元后安排的一个研究性课题，为了使学生了解、解决某些分期付款的生活问题，培养学生用所学知识去研究解决实际问题的能力，该课题的学习可以设计成实地调查课。将全班学生分成五组，到学校附近的工厂、房产公司、商场等地调查贷款分期付款问题，了解并记录以下一些数据，如利率、贷款的限价、年限等，回来完成一篇实地调查报告，主题均为分期付款的有关计算。高中数学新教材各册都安排了研究性课题，根据这些内容，我们可留给学生一定的时间，让他们用自己的眼睛去观察，用自己的头脑去判别和思考，用自己的双手去操作，用自己的语言去表达，使学生在自主、合作、探究中学习、实践和总结。

（3）积极创设师生交流情境。开展各种活动可以加强师生、学生间的交流。最好的教学设计如果没有师生的情感投入就如同虚设，教师要用炽热的情感去激励学生积极的学习情感，用自己的模范言行、治学精神感染学生。

师生交流的成功是课堂设计成功的主要因素。学生是进行教学活动的核心，师生间的交流要做到形式上合理选择，这实质上有利于调动每个学生的积极性、主动性和创造性。在课堂设计中，教师可对学习内容中的重难点设置一些疑问，与学生共同参与析疑、解疑。例如，在学“绝对值不等式的解法”时，教师提出了下列问题：①由 $|x|=2$ 的解是 $x=2$ 或 $x=-2$，能否得到 $|x|=a$ 的解是 $x=a$ 或 $x=-a$，为什么？② $|x|<2$ 的解集是 $\{x|-2<x<2\}$ 是怎样得到的？$|x|>a$（$a>0$）的解集是 $\{x|x>a$ 或 $x<-a\}$ 吗？为什么要用“或”字连接？能用“且”字吗？两个字分别在何时使用？有何区别？③教材例 1 中，若得到“$-5\leqslant 500-x\leqslant 5$”可以吗？④解绝对值不等式要注意什么？学生通过以上四个问题的讨论和回答，加深了对一些数学概念的理解，同时也掌握了解题方法。另外，每星期开设一节学生提问课，由教师回答诸多学生提出的问题，通过实践，学生逐步养成了质疑提问的好习惯，数学成绩大大提高，而且自学能力和创造能力也有了明显的进步。这种师生间的交流给教师的教和学生的学提供了相互促进和共同提高的机会，同时教师可借此机会了解不同层次学生的学习心理和内心情感。

为加强学生间的交流，教师可每周安排一两次学生间的互批作业和互评作业，它不但增进了学生间的感情，而且有效地提高了学生的学习积极性和学习效果。学生间的交流还可以帮助学生发现自己的思维缺陷和漏洞，并帮助学生积累经验和教训，使其在继续学习中改进学法，注重思维，逐步提高学习能力。对某些重要内容的专题复习课，教师在课堂设计时可提出一系列问题，组织学生分组讨论，让他们在自主、合作、探究中学习和发展。例如，在“函数最值的探求”课堂设计中，设计了三个问题：

① 下列命题中正确的是（　　）。

A. $|x|>2$

B. $x^2+4\geqslant 0$

C. 函数 $f(x)=x+\frac{1}{x}$ 的最小值是2

D. 函数 $f(x)=\sqrt{x^2+2}+\frac{1}{\sqrt{x^2+2}}$ 的最小值为2

② 求函数 $f(x)=x+\frac{1}{x}\ (x>0)$ 的最小值。

③ 论函数 $f(x)=x+\frac{a}{x}\ (a>0)$ 在 $(0,+\infty)$ 上的单调性，并求出函数 $f(x)=x+\frac{4}{x}$ 在 $[2,+\infty)$ 上的最小值。

④ 画出函数 $f(x)=x+\frac{a}{x}\ (a>0)$ 在 $(-\infty,0)\cup(0,+\infty)$ 上的草图。

学生在解决这些问题的过程中，热情高涨，讨论热烈，他们通过合作参与、共同研究、集体探索，思维能力、发现能力和批判反思能力得到了锻炼与提高。总之，合作探究对于培养学生的创新精神、自主探索能力、合作交流能力等都有积极的作用，课堂教学要多创设这种学生交流的机会。

（4）把握学生心理，创设良好的心理情境，让学生在轻松、愉快的气氛中学习。实践证明，教师的鼓励和爱会对学生的心理产生积极的影响，是学生的能力得以发展的重要外部动力，因此，教学设计必须考虑学生的心理因素。例如，设计以小组活动为主的问题探究课，要考虑各种能力层次学生的合理搭配；课堂提问要考虑学生的不同基础、不同心理素质；给每个学生以期待、鼓励和爱护；把握一切机会让尽可能多的学生表现自己、展示自己的才能。

课堂教学是学生在校学习的主要形式，课堂教学中，教师在指导学生掌握那些最基本的理论、最重要的知识和信息的同时，更重要的是让学生学会如何获取、精选、综合和分析，学会如何在综合、分析和研究的基础上进行再创造。因此，教师要在课堂教学上下功夫，尤其应在课堂教学设计上进行思考、实践和创新。

（二）不同类型教学目标的教学设计思路

由于教学目标的类型较多，以下选择有代表性的三类目标概述其设计思路。

1. 以陈述性知识为主的教学设计

陈述性知识是相对于程序性知识而言的，这一分类源于认知心理学家安德森。按照他的解释，陈述性知识是指有关事实性或资料性的单纯知识，如史地学科中的时间、地点、国家名称、人名、事件经过等等。著名的认知心理学家奥苏贝尔提出的意义学习理论将意义学习分为三类，即表征学习、概念学习与命题学习，这三类知识都属于陈述性知识。这一类知识是学习、生活中必不可少的基础知识。其教学过程一般包括六个步骤：①引起与维持注意；②提示学生回忆原有知识；③呈现经过精心组织的新知识；④引导学生在新知识内部和新旧知识之间建立联系；⑤指导学生巩固新知识；⑥评价与测量。

学习陈述性知识的目的并不是识记这些知识，而是提取与回忆这些知识，因此，在制定教学目标时不应只写“识记或记忆”。提取知识的关键在于编码，在于用命题网络的形式进行有层次的语义编码和形象编码。进行教学设计时，重点的内容是让学生理解语义的编码及形象编码，使新知识能够纳入学生的认知结构。教学过程就是一个逐步促使学生理解新旧知识联系的过程。

2. 程序性知识的教学设计

程序性知识指按一定程序理解操作从而获得结果的知识，是处理事物的一套操作规程。程序性知识中有与陈述性知识相同的部分，如有关程序概念和规则。这一部分可以用与陈述性知识一样的教学设计。而有关操作的部分则需要与陈述性知识的理解相结合，经过具有反思成分的练习来获得。其一般顺序为：①辨别（发现事物之间的差异）；②概念（发现事物的共同本质特征）；③规则（反映事物之间的关系和规律）；④高级规则（应用多个规则解决复杂问题）。程序性知识在历史学科中更多地体现为历史学科能力的具体要求，这一内容已经制定了十分详细的教学目标，可供参考。

3. 策略性知识的教学设计

策略性知识不是针对客观事物的，而是针对个人自身的认知活动，是调控自身认知活动的策略，也可称之为后设认知或元认知。这种教学设计的目的在于促进学生反思自己的学习思考过程，应当注意：①让学生掌握自我监控的能力。自我监控能力在学生学习中的作用很重要，学习策略的选择、学习过程中的自我调控都是自我监控能力的表现。在策略性知识的掌握过程中，它起着关键性作用。②一次只教少量的策略。策略性知识需要学生既理解又熟练，如果教得太多，会产生相互干扰，影响教学效果。③要在具体情境中进行教学。策略性知识不是孤立的，它必然与各学科知识的学习相结合，如果单独教学则会因为太抽象而使学生难以接受。④要维持学生的动机。策略性知识与学生内在的自我意识相联系，若没有学生的主动参与，其效果是可想而知的。因此，教师需要让学生明确策略的重要作用，并设置有趣的情境来促使学生自觉地学习。

三、高中数学教学设计的基本过程

通常我们用教学设计的过程模式来简要说明教学设计活动的基本过程。教学设计的过程模式曾经是一个研究热点，提出来的模式不下百种。这些模式都是运用系统方法进行教学设计和开发理论的简化形式，适用的范围会有所不同。有的适用于设计和开发课程级的教学系统，有的则适用于设计一个单元或一节课的教学，还有的则适用于媒体材料的设计与开发。但这些模式大同小异，这里不再一一列举，只给出一个一般的教学设计过程模式（图 4－2－1）。

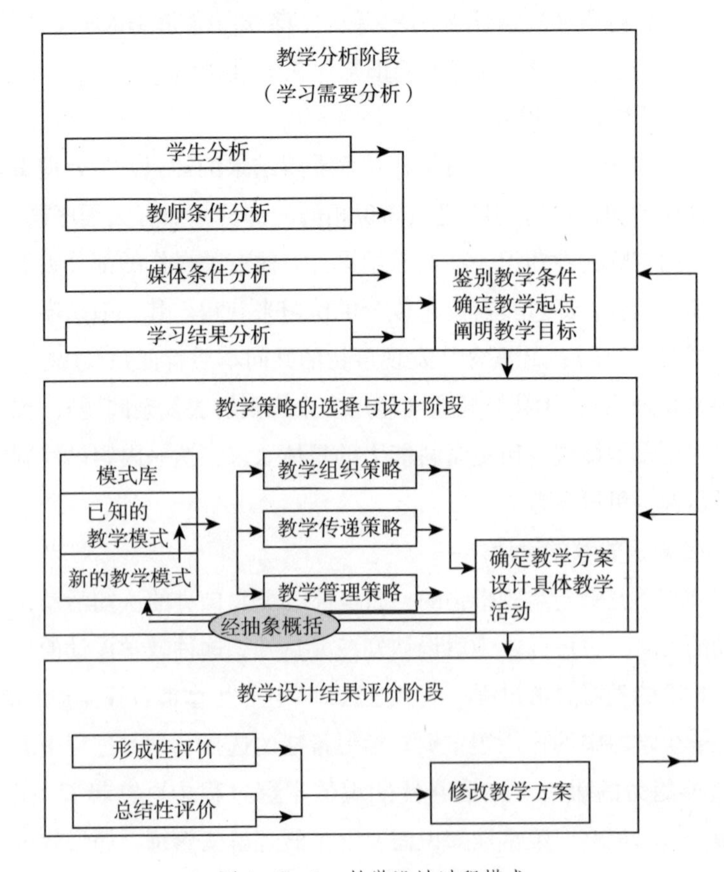

图 4－2－1　教学设计过程模式

教学设计的过程就是运用系统方法分析教育教学问题、确定教育教学问题解决方案、检验和评价解决方案的过程。因此，我们可以将教学设计的全过程划分为三个阶段：教学分析阶段、教学策略的选择与设计阶段和教学设计结果评价阶段。下面就教学分析阶段与学习结果分析活动作简要叙述。

（一）教学分析阶段

教学分析阶段的主要任务是鉴别出教育教学问题、分析教育教学问题的根源、确定解决相应教育教学问题的约束条件。教学分析又被称为学习需要分析，它首先解决教学设计活动的必要性问题，即确定教学设计是解决教学问题的有效手段。其次要精确地界定教学问题，这需要依靠学习结果分析。学生分析不但可以帮助教学设计者确定问题的根源，而且也为下一阶段制订教学解决方案提供了非常重要的约束条件。制订教学解决方案的约束条件还包括教师的观念及能力制约、媒体材料的制约。要确定这些约束条件需要进行教师条件分析和媒体条件分析。

学习需要在教学设计中是一个特定的概念，是指学生在学习方面目前的状态与所期望达到的状态之间的差距，也就是学生目前水平与所期望达到的水平之间的差距。这个差距便是我们前面所说的教育教学问题。当然，确定学习需要并不是学习需要分析唯一的任务。教学设计者还要通过学习需要分析的结果论证教学设计（后续设计活动）的必要性和可能性，即解决了教学设计是否是解决问题的必要手段以及在现有资源和约束条件下是否可行的问题。

1. 学习需要分析的基本步骤

（1）确定期望的状态。确定希望的状态主要是指期望学生达到的能力水平。这种信息可能来源于教学大纲，或者上级教育机构提出的新的教育教学要求，或者是某种社会对人才的需求信息，或者以前教学未达到的目标（这种信息主要通过测试或教学过程中观察的方法获得），等等。要精确确定期望的状态，就必须从所期望的状态出发，进行学习结果分析，没有系统的学习结果分析，确定的期望状态将是模糊的。不同的人可能对这种期望状态有不同的理解。

（2）确定现状。确定状态主要是指确定学生能力素质的现状。同样，要想精确界定学生当前的学习水平也必须首先进行学习结果分析。当前的能力水平即教学起点。

无论是确定期望的状态还是学生的现状，都可以采用测试、编制调查表或问卷、观察和座谈等方法来收集数据。

（3）分析产生差距的原因。我们可以思考下面这些问题：所列出的差距真的构成了教学问题吗？差距是由教学原因引起的吗？通过改进教学可以消除差距吗？能否不进行教学设计就可以消除差距？如调整教学进度和时间，采用更好的教材等。

2. 应注意的问题

获取的数据要真实可靠。

如果教学设计活动由一组人共同完成，那么必须保证小组成员对期望值和差距有相同的理解。要以行为结果来描述差距，以避免模糊描述带来的歧义理解。

（二）学习结果分析活动

下面来具体介绍一下学习结果分析活动。

1. 学习结果分析

学习结果即教学目标的一种描述，是学生经过教学知、情、意方面的发展和变化。学习结果分析的任务便是鉴别出这种发展和变化。

要设计教学，必须知道有哪些期望的变化并且这些期望的变化可以被纳入一个科学的分类体系。这个科学的分类体系便是教学目标的分类体系。目前影响比较大的教学目标分类体系有加涅的教学目标分类理论和布卢姆的教学目标分类理论。这里重点介绍加涅的教学目标分类理论，原因在于加涅的目标分类使我们可以直接找到每种学习结果的学习条件，为设计教学提供了丰富的支持。

2. 学习结果分析的方法

学习结果分析通常要从一个或多个教学总目标开始逆推，导出整个教学目标的结构体系。

学习结果的分析又被称为任务分析，主要有两类分析方法：第一类通常被称为“过程任务分析”，有时也叫“信息加工分析”；第二类被称为“学习任务分析”。

（1）过程任务分析。过程任务分析描述完成某一任务（目标）的步骤。这种分析将任务理解为学生为了完成某项任务而必须执行的步骤。每个步骤都代表一项技能。与任务相比，步骤所代表的技能被称为子技能（或使能技能，或前提技能，或先决技能）。

我们可以对过程任务分析识别出来的步骤再进行过程任务分析，直到分析到不能再分析为止。这时，不能再分析的步骤是学生可以直接完成的步骤。

过程任务分析识别出完成某一任务的各个子技能后，就可以利用学习任务分析来确定这些子技能的关系。

（2）学习任务分析。学习任务分析的目的是确定某一任务的各子技能间的先决条件关系。任务分析者要针对各个子技能问这样一个问题：“要完成这个技能，必须掌握哪些其他技能，知道哪些知识和方法，具备什么样的态度?”这样各子技能之间便构成了一个有向无环图。这个有向无环图便是学习结果分析的成果。我们可以利用这个图来确定各单元的教学目标、每节课的教学目标以及教学顺序。

第三节　高中数学教学设计需要注意的问题及要求

一、高中数学教学设计需要注意的问题

（一）注意新课程理念和常规要求

新课程的教材有其不同于旧教材的特点，新教材应在新课程理念的指导下实施。

1. 一个基本观点是课程文化建构

（1）课程不再只是人类经验理性概括的结晶，更是学生自我适应基础上的文化再生产。教师要通过与课程内容的对话、理解及意义构建，变课程的现实存在为文化主体的存在。

（2）课程的学习不是动态地复制、被动地适应，而是动态地生成、主动地建构。

（3）学生在校学习是借助教材和教师、同学互助进行的。课程内容只有通过学生自身的感受、理解和领悟，通过对以往知识经验的再生产、再加工、再创造而内化为学生独特的心理内容，才能生成学生多彩的内心文化世界和心智结构；只有通过学生主动参与，才能使课程变成学生的学程，唤起学生对知识的需求，以自己的方式对材料进行感知、理解、改造、重组，同时发挥同伴的交往合作作用；通过教师与学生、学生与学生、师生与教材的沟通、对话、共创、共想，批判反思，求异创新。

2. 教材处理的核心是从科学走向生活

当前课程的问题就是教材内容远离学生的世界，从而使学生失去了生命的活动和生活的意义。培养学生的综合能力和社会责任感，教师要做的

事情就是将教材处理、延伸、沟通到学生生活的世界中去，拉近科学与生活的距离。

3. 课程是学生通过反思性、创造性实践而建构人生意义的活动

课程是学生进行反思、创造的对象，但这些内容不能通过灌输让学生获得。

4. 教师在教学中不能进行教材内容的移植和照搬

教师需要对教材内容进行创造性的再加工，将教材内容变成学生易于学习的内容，变成发展学生文化素养的教学内容，赋予材料生命的活力，给知识以生命。因此教师在教学中要做到：

（1）建立要素明确、连接性强、概括性强、派生性强、亲和力大的知识结构，有利于学生自主处理信息，形成概念图示。

（2）内容问题化。从学生心理特点出发来确定学习层次，以有限知识构建基本问题序列，采用“问题加办法”的模式，来培养学生分析问题、解决问题的能力。

（3）教学内容体验化。教师要善于发掘和利用学生已有的生活素材，实现教材由理性到生活世界的转化，注重让学生体验生活，获得认知的源泉，讲授思路，以便随机应变。

5. 反复熟悉教案

从重点内容的讲授到板书提纲的布局，字字句句都要熟记，对“台词”要力求张口成诵，做到“背讲”“使其言皆若出于吾之口，使其意皆若出于吾之心”。

一位书法老前辈谈写字体会时说：“下笔之前心中要有字，下笔之后心中要无字。”心中有字才能中规中矩，心中无字才能潇洒自如。事物各异，哲理相通。上课之前，教师必须袖手于前、凝神精思，做到心中有课；待走进课堂，便要即兴讲授、不露斧凿。这样教师才能上出得心应手、应对自如、“淡妆浓抹总相宜”的课来。

6. 及时作总结，写课后札记是不断提高课堂教学效率的有效措施之一

写课后札记要注意做到即兴记写。教师每上完一节课走出教室总有种种感受，不管成功、失败或一般化，都要及时把自己的经验体会记录下来；教完一个单元之后，还要整理前面零散的札记，找出规律性的东西，写出单元教学小结。

（二）注意树立四种意识

数学教学设计就是在《普通高中数学课程标准（2017 年版）》（以下简称

《标准》）的指导下，依据现代教育理论和教师的经验，基于对学生需求的理解、对课程性质的分析，而对教学手段、教学方法、教学活动等进行规划和安排的一种可操作的过程。精心设计教学是上好课的前提条件，是教学工作的重要环节，是提高教学质量的根本保证。根据自己的经验，我们认为新课程背景下数学教师要制定出最佳教学设计应树立四种意识。

1. 对话意识

（1）与《标准》对话。《标准》是教材编写、教师教学和考试命题的根据，是教师设计教学活动的指导性文件。教师在教学设计前要与《标准》进行高质量的对话，特别要全面深入地了解第一部分的“基本理念”和第六部分的“课程实施建议”。这两部分中的每一句话都蕴含着先进的教育教学理念。

例如，在第一部分“基本理念”中《标准》提到：“数学教学活动必须建立在学生的认知发展水平和已有的知识经验基础之上。教师应激发学生的学习积极性，向学生提供充分从事教学活动的机会，帮助他们在自主探索和合作交流的过程中真正理解和掌握基本的数学知识与技能、数学思想和方法，获得广泛的数学活动经验。学生是数学学习的主人，教师是数学学习的组织者、指导者与合作者。”认真解读这段话，对教师在进行教学设计时把握教学起点、选择教学方法、确定自己在课堂中的角色都有着非常重要的意义。

（2）与教材对话。教材是教师上课的主要依据，新教材为学生的学习活动提供了基本线索，是实现课程目标、实施教学的重要资源，新教材与以往教材相比，从材料的选择到呈现方式都发生了较大的变化。科学合理的教材结构、富有少儿情趣的学习素材、新颖丰富的呈现形式、生动活泼的练习设计、富有弹性的教学内容，都为教师组织教学提供了丰富的资源。

教师在教学设计时要树立整体观念，从教材的整体入手通读教材，了解教材的编排意图，弄清每部分教材在整个教材体系中的地位和作用，用联系、发展的观点，分析处理教材。首先要通过教材分析，弄清它的地位、作用和前后联系，以把握新旧知识的连接点和学生认知结构的生长点。怎样理解编者的意图呢？我们的体会是多问几个为什么。例如，为什么这样设计习题？为什么这样编排？结论为什么这样引出？等等。经过这样几番思考之后，教师肯定会提高驾驭教材的能力。

（3）与同伴对话。新课程倡导合作学习，这种学习方式不仅适合学生，也适合教师。一个人的智慧毕竟是有限的，教师在备课时经常会遇到凭个人的知识与智慧难以解决的问题和困难，必须依靠集体的力量才能解决。当我们面对一个教学设计中的问题而苦思冥想时，不要忘了你身边的同事，他们的一句话有时会令你眼前一亮，茅塞顿开。

（4）与名师、网友对话。特级教师和优秀教师丰富的教学经验是教师教学设计时可以借鉴的宝贵资源。这些名师的课堂教学在许多方面都有其独到之处。例如，新课的引入、教学情境的创设、教学方法的选择、课堂练习的设计和课堂评价语言的运用等，都能给教师以启发和借鉴。教师在教学设计时，参考这些教师的教学设计或观看他们的课堂录像，都会对自己开阔教学思路大有好处。另外，网络教学设计不失为新课程背景下教师教学设计的一条新路子。随着当前信息的普及，一般的学校都能上网，教师也可以通过网络和全国各地的网友对话，把自己在教学设计中遇到的困惑同网友进行交流，一般都会得到众多网友的回复。

（5）与学生对话。学生是学习过程的主体，学情是教学的出发点，只有了解学生，才能有的放矢、因材施教，避免无效劳动，提高课堂教学效率。建构主义学习理论认为，学生并不是空着脑袋进入学习情境的，教师的教学不能忽视学生已有的经验，而应当把学生已有的知识经验作为新知识的生长点，引导学生从已有的知识经验中生长出新的知识经验。在新课程的课堂教学中，教学设计的重点应转移到学生的发展上来。为此，我们必须重视对学生的分析。

如何才能了解学生呢？教师不妨先回答下列问题：学生是否已经具备了进行新的学习所必须掌握的知识和技能？学生是否已经掌握或部分掌握了教学目标中要求学会的知识和技能？没有掌握的是哪些部分？有多少人掌握了？掌握的程度怎样？哪些知识学生自己能够学会？哪些需要教师的点拨和引导？教师在教学设计时要关注学生的智力发展情况，注意学生非智力因素的发展状况，重视学生的个体差异。

2. 课程资源开发意识

重视课程资源的开发和利用是新一轮课程改革提出的新目标，其目的是改变学校课程过于注重书本知识传授的倾向，加强课程内容与学生生活及现代社会和科技发展的联系，关注学生的学习兴趣和经验，适应不同地区不同学生发展的需要。

尽管教材为学生提供了精心选择的课程资源，但教材仅是教师在教学设计时所思考的依据，教师在细心领会教材的编排意图后，要根据学生的数学学习的特点和自己的教学优势，联系学生生活实际和学习实际，对教材内容进行灵活处理，及时调整教学活动，如更换教学内容、调整教学进度、整合教学内容等，对教材做二次加工，使教材变成“学材”。

教师除了要有效地挖掘教材资源外，还要注意创造性地开发和利用其他教学资源。数学来源于生活，又应用于生活。社区、家庭中有大量与数学教学相关的课程资源。如果教师在教学时能够合理利用这些资源，对激发学生的学习兴趣、拓宽学生的知识面大有好处。

随着社会的发展和人民生活水平的提高，电视、广播、电脑、手机、平板等已经进入普通百姓家，学生获取信息的渠道越来越多，其知识面也越来越广。现代社会是一个网络化、信息化社会，教师可以到网上收集一些与教学相关的题材来充实、丰富教材内容。

3. 以学生为主体的意识

教学的对象是学生，学生的真实状态是决定一切课堂教学活动的出发点。学生主体参与教学就是学生进入教学活动，能动地、创造性地完成学习任务的倾向性表现行为。现代教学论认为，学生的数学学习过程是一个以学生已有的知识和经验为基础的主动建构的过程，只有学生主动参与到学习活动中，才是有效的教学。教师在教学设计时要树立以学生为主体的意识，特别要注意以下几点。

（1）体现学生的自主性和活动性。教师要设计一些能够启发学生思维的活动，让学生通过观察、实验、归纳、猜想、论证，获得发现、创新的体验；讨论疑难问题、发表不同的意见，并且学会使用模型或其他的表达方法来交流他们的思想。

（2）体现数学问题的情境性和可接受性。教师要设计一些问题情境。解决问题所需要的信息应该来自学生的真实水平，使他们可以将数学问题与已有的知识结构联系起来，通过创设问题情境来扩展学生的知识。为了保证课堂上所有学生都能够轻松地解决问题，任何活动的基本水平，要么定位在学生已有的经验、知识的基础上，要么定位在一些学生很容易掌握的知识上。随着学生的知识和信息不断丰富，教师可以向学生介绍更多类型的问题情境或更难的应用问题情境，这样才能使学生学会解决问题的一般规律。

（3）体现学生的研究性和合作性。教师既关注学生理解所学数学教材的能力，同时也关注他们独创出自己的方法及技巧的能力。教师可以设计一些精巧的、与重要概念和性质相结合的活动去引导学生进行研究。此外，学生是在活动中通过互动来建构他们的数学知识的。小组合作会增长整个小组的知识，提升其创造性，在提高每个学生数学水平的同时，也提高了学生的交流能力。因此，对学生来说，通过参与小组合作完成某一项目，其间需要讨论、争辩和作出让步，这样的锻炼机会对于他们将来融入社会是一种非常必要的准备。

4. 预设与生成意识

教学从本质上讲就是预设和生成的矛盾统一体。教师课前需要进行教学设计，需要预设教学效果。在数学课堂教学中，教师如果按照预设方案忠实地加以实施，就会排斥学生的个性思考，限制学生对预设目标的超越，抹杀学生的创造智慧。当现成的新情境和新的课程资源与教师预设的结果不一致时，仍强行按预设方案进行，实质还是在上演“教案表演剧”。

课堂应该是动态的存在，学生往往是凭着自己的已有知识、经验、灵感和兴致参与课堂教学的，这就使得课堂呈现出丰富性和多变性。课堂教学不能过分拘泥于预设的固定不变的程序，应当开放地纳入弹性灵活的成分以及始料不及的体验。因此，新课程标准特别强调课堂教学是师生互动生成的过程，以促进学生发展为宗旨。可以这样说，强调互动生成的课程一定会呈现出更大的开放性。那么，是不是因此就不要预设教学方案呢？

凡事预则立，不预则废。预设是数学课堂教学的基本要求。数学课堂教学是有目标、有计划的活动，没有预设方案的准备，教学只会变成信马由缰的活动。教师课前应有应对课堂上可能出现种种意外的心理准备，这样在课堂上才会游刃有余。高明的预设总是在课堂中结合学生表现，灵活选择、弹性安排、动态修改。一个富有经验的教师的教学总能寓有形的预设于无形的、动态的教学中，真正融入互动的课堂，随时把握课堂教学中闪动的亮点，把握促使课堂教学动态生成的切入点，促使学生在更大的空间里进行个性化的思考和探索。

二、高中数学教学设计的几点要求

（一）教学设计者的基本素质要求

教学设计人员是设计过程的协调者和组织者，是设计方案的制定者，是执行设计程序的控制者，因此要保证教学设计的成功，教学设计人员必须具备以下基本素质。

1. 学术上的基本素质要求

（1）教学设计者应有较扎实的教育、教学、学习心理、传播、媒体等方面的理论基础。

（2）有一定的教学经验。

（3）熟练掌握教学设计的基本原理、方法和实际的操作技能。

（4）具有科学管理的知识与技术。

2. 一般性的素质要求

（1）头脑机敏，乐意进行细致的脑力劳动。

（2）有很好的逻辑思维和创造性思维能力，能分析复杂问题并能辨别关键因素。

（3）对工作有责任感，敢于作出决策并承担责任。

（4）坚强、有耐心，有排除挫折和克服困难的能力和决心。

（5）待人诚恳，善于处理人际关系，能团结其他人一起工作。

（6）具有良好的时间意识，能把握设计进程。

（7）勇于改革和尝试新事物，并敢于承认错误，正视自己的不足之处。

（二）课堂教学设计的一般要求

1. 系统性

如果把课堂教学设计活动的基本思想概括成一句话，那就是系统方法论。从系统科学的观点看，系统是由一定的相互联系、相互作用、相互依赖的要素组成的有机整体。所谓系统方法，是指从系统的角度来分析和考虑问题，把研究对象当作一个系统来认识，作为一个系统来处理的方法。课堂教学就是一个由教师、学生、教学目标、教学内容、教学媒体和方法等因素构成的动态系统，是一个多任务、多层次、多要素的复杂系统，系统中的各因素相互联系、相互依赖、相互制约。系统性要求我们在进行课堂教学设计时把课堂教学看作一个系统，采用系统分析的方法去考察教学系统中的各个要素以及它们相互联系的方式，要把对各个要素的研究放在整个课堂教学系统中进行，不要脱离系统的整体，去孤立地研究它的某个要素。例如，要把某单元某课时的教学内容放在整个教学的全过程上分析，处理好教材与整体的关系，同时还要注意教学内容与其他要素的相互联系、相互作用。只有有了系统的设计和分析，才可能取得良好的教学效果。

2. **最优化**

最优化是课堂教学设计的最终目的。用系统观点来分析，课堂教学系统的优化既有赖于各教学要素的优化，也有赖于各要素间的结合方式的优化，使之通过关联、渗透达到促进，从而使整体功能达到最优。最优化要求教师在进行课堂教学设计时合理地确定教学系统内的各结构要素，教学目标方面要具有全面性、适度性、可行性，教学内容要科学而系统，教学方法和教学媒体要科学地选择和应用，检测方案的制定要完整可靠，课堂教学结构要合理规划。但是要素的优化并不等于系统的优化，系统的整体功能不是各个要素功能的简单相加，而是通过各要素的协调、整合，重新产生一种新的功能。所以课堂教学设计必须从整体效益出发，恰当地考虑各要素在整个课堂结构中的地位和作用，优化各要素间的组合方式，使课堂教学效率和质量得到有效的提高。

3. **灵活性**

掌握课堂教学设计的基本指导思想，将使教师以整体系统的目光来审视课堂教学问题，以理性的思想来设计每一个教学步骤，这对于提高课堂教学效率来说是必要的保证。但是，课堂教学是丰富多彩、灵活多变的，所以课堂教学设计不应恪守某一种固定的格式。没有一个适用于任何情况的万能的课堂教学设计方案。课堂教学设计要求针对教与学的具体情况，灵活设计，在特定情况下，以一定标准看最恰当的教学设计就是最好的教学方案。

（三）新教材对数学教学提出的要求

1. **要加强学习《标准》，认真钻研新教材**

《标准》是编写新教材的重要依据，新教材是《标准》下课程改革的重要体现，准确地把握与遵循《标准》要旨，是有效使用新教材的前提。因此教师既要认真学习《标准》，掌握新理念，又要深入钻研新教材，理解编者意图与设计思路。在遵循《标准》的基础上，我们认为，根据学生的实际情况，应当发挥教师的智慧，重组并设计教案。教师可以创造性地使用新教材，如改变或替换教材中的例（习）题，因班制宜创设一些学习情境、学习素材和教学工具。使数学更贴近生活与实际，满足本班学生数学学习的需要。

2. 倡导民主、科学、开放，实现教师角色转换

数学教学是数学活动中的教学，是师生交往、互动、共同发展的过程。新教材的设计自始至终是围绕学生的发展展开的，以“学生的终身学习的愿望与能力”为唯一追求的目标，为学生的数学学习创设“自主、探索、合作”的平台。与此同时，教师关注并落实学生学习方式的转变，需要及时更新教学方法，实现教师角色的转换，力求做到“六个转变”，即由重传授向重发展转变，由统一规格向差异性教育转变，由重教师“教”向学生“学”转变，由居高临下向平等融洽转变，由重结果向重过程转变，由教学模式化向教学个别化转变，真正体现教师是数学学习的组织者、引导者和合作者。

3. 突破学科本位，注重多学科知识整合

研究教材不难发现，课本中创设了丰富的问题情境，引用了许多真实的数据、图片和学生喜欢的卡通形象，并提供了许多有趣并富有数学含义的实际问题，其中涉及相当多的其他学科知识，这些显然有助于数学与其他学科的联系，突出数学化“过程”，同时也对数学教师的综合素质提出了更高的要求。

4. 关注不同学生的数学学习要求，关注新教材中的“弹性”内容

教材应当满足所有学生数学学习的要求，在保证《标准》所提出的基本课程目标的基础之上，新教材在内容的选择与编排上体现了一定的“弹性”，以满足不同学生的数学学习的需要，使全体学生都能得到相应的发展。这就要求教师在数学教学中关注新教材中的一些“弹性”内容。例如，“读一读”栏目提供的阅读材料，目的在于对数学有兴趣的学生可以选择相关的材料阅读、思考，教师则有义务提供必要的进一步帮助。又如，习题中“试一试”仅仅面向部分学生，以满足他们进一步理解和研究有关知识和方法的需要，属于高要求，就没有必要要求所有学生都去尝试完成。再如，就同一问题情境可以设计不同层次的问题或开放性问题，提供给不同层次的学生去探索解答，以使不同的学生得到不同的发展。这一切都需要教师认真钻研教材，提高驾驭教材的能力。

5. **教学大纲与课程标准的对比（表4－3－1、表4－3－2）**

表4－3－1　教学建议比较

教学大纲	课程标准
面向全体。 进行思想道德教育。 转变教学观念，改进教学方法。 重视创新意识和实践能力的培养。 重视现代教育技术的运用。 严格执行课程计划。	以学生发展为本，指导学生合理选择课程，制订学习计划。 帮助学生打好基础，发展能力。 注重联系，提高对数学整体的认识。 注重数学知识与实际联系，发展学生的应用意识和能力。 关注数学的文化价值，促进学生科学观的形成。 改善教与学的方式，使学生主动地学习。 恰当运用现代信息技术，提高教学质量

可见，教学大纲与课程标准在教学方法改进、实践能力培养、现代信息技术运用、数学育人功能开发等方面是一致的，但课程标准又突出以下几点：打好基础、发展能力；注重联系、强调整体；改变学生学习方式，弱化了严格执行课程计划的提法。

表4－3－2　评价建议比较

教学大纲	课程标准
评价目的在于了解学生的学习进程和学习能力。 评价内容多元。 评价方法多样。 评价应该帮助学生树立数学学习的信心，促进学生提高数学素养。	重视对学生数学学习过程的评价。 正确评价学生的数学基础知识和基本技能。 重视对学生能力的评价。 实施促进学生发展的多元化评价。 根据学生的不同选择进行评价。

从表4－3－2中可以看出教学大纲的评价包括以下三点：评价目的、评价功能和评价内容的多元化，评价方法的多样化。课程标准则强调了对我国数学教育传统双基（基础知识和基本技能）的评价，还提出了过程评价和能力评价。

（四）几点具体要求

（1）在教学活动的设计中，教师要依据课程标准的要求，充分体现新的学科教学理念。课堂教学活动设计要充分体现学生的自主学习、探究活动、合作交流过程，注意课堂教学方式多样化，让学生拥有学习的主动权，拓展学生的发展空间，挖掘学生潜在的能力。建立一种平等、和谐、理解、沟通的师生关系，有利于学生主体的发展。

（2）在教学过程中，教师的眼光不仅要放在知识点的落实上，更重要的是放在学生的学习过程和学习方法上。教学活动设计要体现出学生的活动过程和活动内容，注重学生获取知识的过程，启发学生不仅知道结论是什么，更要探究这个结论是怎样来的，让学生参与探究的过程，让他们体验获得知识的乐趣，培养学生的自信心和学习的能力。

（3）在教学设计中，教师要注意课堂教学活动的开放性（如思维的开放、教学内容的开放、实验方法以及习题的开放），不拘泥于教材，可以结合教材内容给学生提供一些素材（如知识的应用、课外小实验、资料展示等内容），通过学生的自主及交流活动，扩大学生的知识面，开发学生的思维。

（4）课堂教学设计可以包括设计思想、教材分析、学情分析、教学目标、过程设计及教学实践活动后的反思等内容，设计的重点放在过程设计上。教学过程的设计要包括教师的活动及学生的活动，并说明所安排的活动要体现的目的及预计达到的效果。

（5）所设计的教学过程必须符合所教学生的实际情况，具有实效性和可操作性。所设计课的课型不限，可以是常规授课、活动课或小专题课等。

（6）使用多媒体技术，优化课堂教学，提高教学效率和质量。

第五章

新课程教学设计的教学策略与模式

第一节 新课程教学设计的基本程序

一、教学设计的基本程序

教学设计作为对教学活动系统规划、决策的过程，其适用范围是比较广泛的。它既可以是对课堂教学的设计，也可以是对课外活动的设计；既是适用于整个教学体系的设计，也是适用于一门课程、一个教学单元、一节课的设计。但无论是在什么范围内设计，设计者遵循的基本设计原理和程序大体都是一致的。一般来说，教学设计的程序包括以下几方面：

（1）规定教学的预期目标，分析教学任务，尽可能用可观察和可测量的行为变化作为教学结果的指标。

（2）确定学生的起点状态，包括他们的已有知识水平、技能和学习动机、状态等。

（3）分析学生从起点状态过渡到终点状态应掌握的知识技能或应形成的态度与行为习惯。

（4）考虑用什么方式和方法给学生呈现教材，提供学习指导。

（5）考虑用什么方法引起学生的反应并提供反馈。

（6）考虑如何对教学的结果进行科学的测量与评价。

上述教学设计的基本程序集中体现了教学设计的四个基本要素：

（1）教学所要达到的预期目标是什么？（教学目标）

（2）为达到预期目的，应选择怎样的知识经验？（教学内容）

（3）如何组织有效的教学？（教学策略、教学媒体）

（4）如何获取必要的反馈信息？（教学评价）

这四个要素从根本上规定了教学设计的基本框架，无论在何种范围内进行教学设计，教学设计者都应当综合考虑这四个基本要素，否则，所形成的教学设计方案将是不全面、不完整的。

教学活动设计要解决的是教什么，学什么，怎样教，怎样学的问题，教学活动设计方案如图 5－1－1 所示。

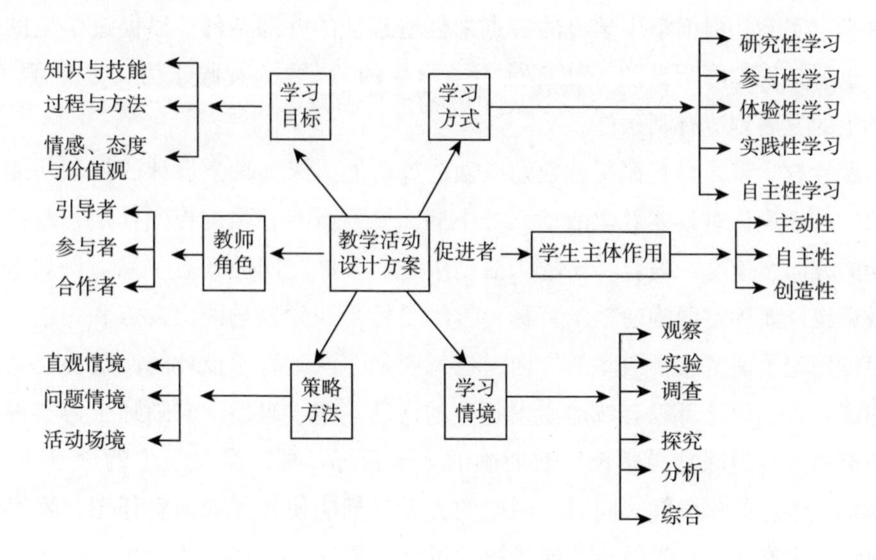

图 5－1－1　教学活动设计方案

二、课堂教学的程序设计

课堂教学是课堂有机构成诸因素相互联系、相互作用的动态系统。课堂教学设计就是运用系统论的观点和方法，按照教学规律和教学对象的特点，设计教学目标，规划课堂教学全过程诸因素的相互联系和合理组合，确定实现教学目标的方法、步骤，为优化课堂教学效果制订实施方案的系统的计划过程。

课堂教学设计有其自身的特点，了解这些特点，有助于我们有效地进行课堂教学设计。第一，课堂教学设计是为课堂教学活动制定蓝图的过程。它规定了课堂教学的方向和大致进程，是师生教学活动的依据。第二，课堂教学设计的基本方法是系统方法。系统方法是把对象放在系统当中，从系统和要素、要素和要素之间的相互联系和相互作用的关系中综合地、精确地考察对象，以达到最优化地处理问题的一种方法。课堂教学设计的一个特点就是运用系统方法，分析课堂教学系统中各因素的地位和作用，使各因素得到最紧密的、最佳的组合，从而优化课堂教学效果。第三，课堂教学设计既关心“教”又关心“学”。

课堂教学是教师和学生共同活动的过程，教与学是相互依存、对立统一的辩证关系。重教轻学，课堂教学就会缺乏学生的积极主动性，不能收到良好的效果；反之，重学轻教也不会有好的教学质量。传统的课堂教学设计大多只重视教师如何教而忽视学生如何学。而新型的课堂教学设计要求有明确的教学目标，要了解学生实际，根据学生学习的特点来创造最佳的外部条件，以促进学生的学习。也就是说教师所做的一切都是为了学生的“学”，着眼于为“学”服务，为学生的发展创造有利条件。

课堂教学设计具有控制、激励、创造等功能。课堂教学设计的控制功能是指课堂教学设计对具体教学活动系统中的诸要素具有较强的控制作用，既控制活动的方向、速度、内容，又控制活动中主、客体之间的动态关系。例如，课堂教学设计要确定明确的教学目标，教学目标是课堂教学的出发点和归宿，教学目标确定了课堂教学活动的方向，也就明确了课堂教学设计的激励功能是良好的课堂教学设计可以有效地激发师生的活动热情、兴趣，鼓励师生为实现目标而努力。因为课堂教学设计有明确的教学目标，可以激发学生的学习动机，调动学生学习的积极性。同时，明确的教学目标能使教师加强责任感，焕发工作热情，提高课堂教学效率。课堂教学设计的创造功能是指课堂教学设计有利于发挥教师的创造才能。俗话说，文无定体，教无定法。面对千差万别的学生，课堂教学不可能有一套刻板的程式。课堂教学设计的过程也是教师在创造性地思考、深入钻研教材的基础上，根据不同的教学目标、不同学生的特点，创造性地设计教学实施方案，为成功教学绘制蓝图的过程，这也是教师发挥创造才能的过程。

教学设计是一个系统工程，要对课堂教学各因素进行统筹安排，一定要注意使教学各因素具有内在的逻辑联系性。

1. 探究式课堂教学设计的依据

探究式课堂教学设计是一个有目的的活动，因此，我们必须考虑设计的依据。在教学设计过程中有四个关键的因素构成了教学设计的基础：

（1）课堂教学是为谁开发的？（学生的特点）

（2）你想让学生学到什么或能够做什么？（学习目标）

（3）课题内容或技能怎样才能最好地被学生学习？（教与学的方法和事件）

（4）怎样确定学习所达到的程度？（评价程序）

这四个基本因素——学习者、目标、方法和评价形成了系统教学设计的框架。

因此，我们至少可以确定两个教学设计的依据：一是学生学习的特点，包括学生现有学习水平、学习的习惯、对学习环境的偏好等；二是包含在学习目标中的学习内容。

由以上分析我们可以确定，探究式课堂教学设计应包含以下几项内容：学生发展的需要、学生学习的特点、学习内容、学习的资源。

2. 课堂教学的程序设计

（1）探究目标的设计是整个探究式课堂教学设计的灵魂，要确定探究目标，一定要基于我们上面所谈到的教学设计的四个基本要素，对设计基础的分析可以帮助我们设计探究目标。

（2）课堂教学内容的选择和设计除了基于四个基本要素之外，还要为达成探究目标服务。

（3）确定学生的初始行为和特征，除了依据对学生学习特点进行分析之外，还要参照探究目标，以及达成这样的探究目标，学生尚存在多少差距，学生的特点是什么。这些都是进一步设计的依据。

（4）根据探究内容和学生的初始行为和特性，我们就可以设计：①确定什么样的操作目标；②准备什么样的教学材料；③准备什么样的媒体和器材；④安排什么样的学习环境；⑤选择什么样的教学事件帮助学生完成探究。

（5）根据操作目标，我们即可很容易制定出测验项目的评价标准，并开展形成性和终结性教学评价。

（6）根据评价结果对教学事件进行修正，重新确定学生的初始行为的特性。

根据上述探究式课堂教学设计，我们可以把探究式课堂教学设计分成三个层次：第一个层次包含探究目标、探究内容、确定学生的初始行为和特性。这个层次属于总体设计，指导其余设计。第二个层次则是依据第一层次而设计的具体操作系统。完成这一操作系统是教学过程的主要任务。第三个层次则是反馈设计，包括评价标准、评价方法、修正方案。基于此，我们提出这样的课堂教学设计思想：探究式课堂教学设计是在探究教学目标的控制之下，根据学生的学习准备情况和学习特征，对影响学生进行探究的外部因素进行设计，并通过评价反馈对教学设计进行修正。这一思想是我们开展探究式课堂教学设计的基本原则。

总之，在高中数学课堂教学中采用探究式教学方式，是指在教师的启发诱导下，以学生独立自主学习和合作讨论为前提，以现行教材为基本探究内容，以学生周围世界和生活实际为参照对象，为学生提供充分自由表达、质疑、探究、讨论问题的机会，让学生通过个人、小组、集体等多种解难、释疑、尝试活动，将自己所学知识应用于解决实际问题的一种教学形式。采用探究式课堂教学方式是知识建构本身的需要；是发展学生自主学习能力，使学生养成良好的思维习惯的需要；是为了让学生达到“领略自然界的奇妙与和谐”的境界，发展他们对科学的好奇心与求知欲，使他们乐于探究自然界的奥秘，体验探索自然规律的艰辛与喜悦；是为了培养他们参与科技活动的热情，将数学知识应用于生活和生产实践的意识。

第二节　新课程教学设计的常见模式

一、常见的教学设计模式

教学设计虽有一套可供教学设计人员遵循的一般程序，但在具体的教学设计过程中，由于设计者依据的理论、出发点不同，面临的教学任务、教学情境各异，因而采取的设计方法和步骤就会有一定差异，这种差异导致了许多教学设计模式的产生。就目前情况来看，比较有影响的教学设计模式主要有以下几种。

（一）系统分析模式

系统分析模式是在借鉴了工程管理科学的某些原理的基础上形成的。这种模式将教学过程看作一个输入—产出的系统过程，“输入”是学生，“产出”是受过教育的人。这一模式强调以系统分析（systems analysis）的方法对教学系统的输入—产出过程及系统的组成因素进行全面分析、组合，借此获得最佳的教学设计方案。系统分析模式的一般设计程序如图5－2－1 所示。

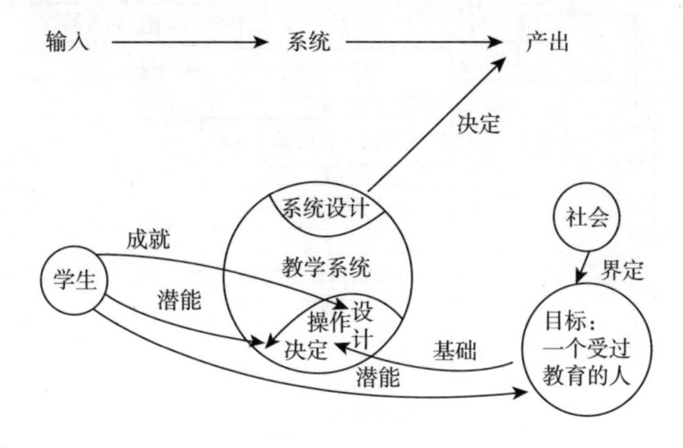

图 5－2－1　教学设计的系统分析模式

从图5－2－1可以看出，系统分析模式十分重视对输入—产出过程的系统分析。其中，目标是整个设计过程的基础，它具体规定着教学系统产出的预期结果。目标不同，整个系统的分析、组合和设计也就不同。为进一步完善这一设计模式并使之更富有操作性，心理学家加涅和布利格斯提出了系统分析模式应遵循的十个基本步骤：①分析和确定现实的需要；②确定教学的一般目标及特定目标；③设计诊断或评估的方法；④形成教学策略，选择教学媒体；⑤开发、选择教学材料；⑥设计教学环境；⑦教师方面的准备；⑧小型实验，形成性评价及修改；⑨总结性评价；⑩系统的建立和推广。

其中，前七个步骤是对教学的预先设计，后三个步骤则着眼于设计方案的验证、评价和修订。这一模式的基本特点是将教学设计建立在对教学过程的系统分析的基础上，综合考虑教学系统的各种构成要素，为教学系统“产出”的最优化寻求最佳的设计方案。

（二）目标模式

目标模式又称系统方法模式，它是由美国教学设计专家迪克和科里提出的。目标模式与系统分析模式的设计程序基本一致，它也强调系统分析、系统设计，所不同的是它不从输入—产出的工程学角度看待教学系统，它强调以教学目标为基点对教学活动进行系统设计，以达成教学目标为基本目的。这一模式的基本程序有九个，呈直线形（图5－2－2）。

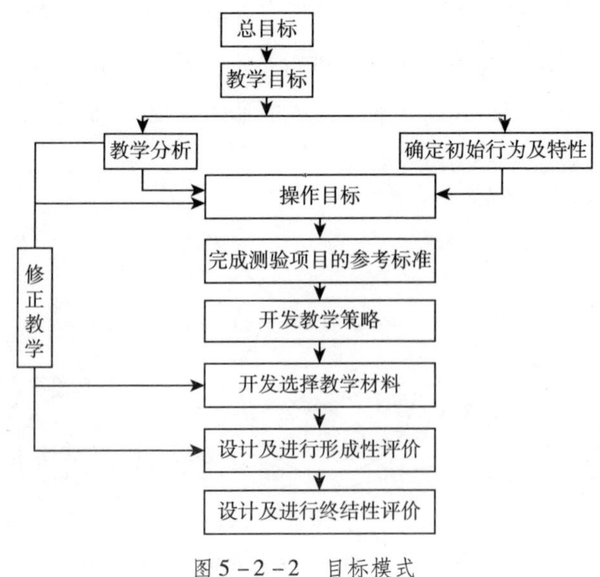

图5－2－2　目标模式

1. 确定教学目标

确定教学目标即根据总目标确定教学的行为目标。行为目标应对学生学习活动的预期结果、课程中的重难点及其他特殊要求有明确规定。

2. 进行教学分析

确定教学目标后，要通过对教学目标的进一步分析，确定学生应掌握的各种知识、技能和技巧，并确定掌握某种技能技巧的过程或步骤。

3. 分析学生的现实发展水平

准确把握学生的现实发展水平是教学取得成功的重要基础。学生的现实发展水平主要指学生已有的知识、能力水平，学习准备状态和一般的身心发展特点。这些情况都是教师必须预先予以认真分析和准确把握的。

4. 列出操作目标

在完成前三项工作的基础上，教师要进一步列出具体的、可供操作的目标，亦即对已确定的教学目标作进一步分解和细化。

5. 确定测验项目的参照标准

确定测验项目的参照标准要求以教学目标为依据，设立测验评价的参照标准。这些参照标准的好坏要用教学目标来衡量，并且测验项目的要求与教学目标所陈述的行为类型应有关联。

6. 确定教学策略

为达成预定的教学目标，教师必须考虑采用何种教学策略和方法来有效实施教学。

7. 选择教学材料

选择教学材料要求教师根据教学需要，合理选择和利用有用的资源，如教学材料、学生学习指南、教师指导用书和试卷等。

8. 进行形成性评价

在构思了一个完整的教学方案之后，还需要作出一系列评价，以便对方案进行调整和修改。教师或教学设计人员可以从以下三种形成性评价中获得有益的反馈，即个体评价、小组评价和学科评价。

9. 修正教学

根据形成性评价所得到的资料，教师可以发现教学中的不足之处，从而修正教学方案。图5－2－2中的“修正教学”表示用形成性评价得到的资料重新测量教学分析的程度以及对学生初始行为的假定，并对操作目标、测验项目、教学策略等进行复查或修改，进一步完善教学方案。这一模式的基本特点是强调教学目标的基点作用，设计过程系统性强，具体的设计步骤环环相扣，易于操作。

（三）过程模式

过程模式由美国新泽西州立大学教授肯普提出。这一模式与目标模式的主要区别在于它的设计步骤是非直线形的，设计者根据教学的实际需要，可以从整个设计过程中的任何一个步骤起步，向前或向后。具体设计过程如图 5－2－3 所示。

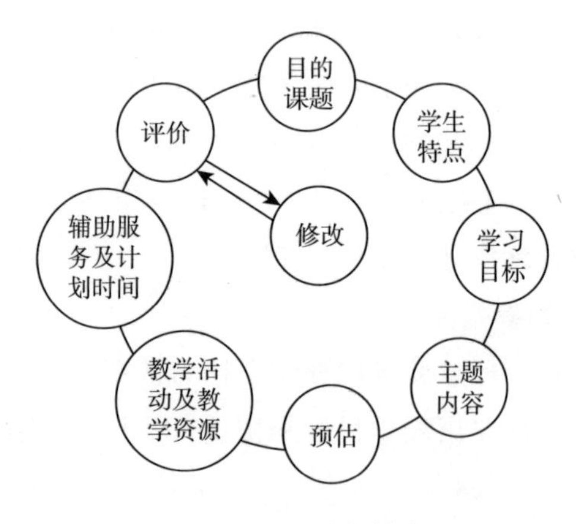

图 5－2－3　过程模式

过程模式的设计步骤主要有以下几项：

（1）确定教学目的和课题，主要是解决在教学中想要完成什么的问题。

（2）列出学生的重要特点，如学生的一般特征、能力、兴趣和需求等。

（3）确定学习目标。

（4）确定学习目标的主题内容，主要是将学习目标具体化和操作化，如列出所学的事实、概念、定理等。

（5）预测学生已有的学习准备状况，如已有的知识经验水平和学习能力等，以便为学生的学习导向、定步，以及对教学方案的内容做必要的修改调整。

（6）构思教学活动，选用教学资源，主要是确定完成教学目标用什么样的教学方法和教学资源最合适。

（7）评定学生学习，评价和修正教学方案。

过程模式的基本特点是灵活、实用，教学设计人员可以根据教学情境的需要有侧重地设计教学方案。

总之，上述三种模式只是为我们提供了可资借鉴的一些设计思路和方法。在具体的教学实践中如何形成一个高质量的教学设计方案，还需要教师或教学设计人员依据教学设计的一般原理，发挥个人的创造性，具体问题具体处理。

二、新课程教学设计的教学模式

教学模式是运用系统方法对教学过程从理论与实践的结合上所作的纲要性描述。它的主要任务是形成一种学习环境，以最适宜的方式促进学生的发展。新课程教学设计主要有如下几种。

1. 传递—接受式

传递—接受式主要用于系统知识技能的传授。其基本程序为：激发学习动机—复习旧课—讲授新课—巩固运用—检查。这种模式的特点是能使学生比较迅速而有效地在单位时间内掌握较多的信息，突出体现了教师直接控制教学过程的主导作用，但因不利于学生主动性的充分发挥而一直受到批评。要克服学生的被动性，教师必须使所授的内容同学生已有的认识结构建立实质性联系，激发学生的积极性，使其主动从已有知识的结构中提取最有联系的旧知识来固定或同化新知识。

2. 自学—辅导式

自学—辅导式的基本程序为：自学—讨论交流—启发指导—练习总结。这种模式有利于学生自觉能力和习惯的培养，有利于适应学生的个别差异。教师虽然只起解惑、释疑的作用，但他要有的放矢地对学生进行辅导，否则，自学就会放任自流。

3. 引导—发现式

引导—发现式的基本程序为：问题—假设—验证—总结提高。这种模式最主要的功能在于使学生学会学习、发现问题、加工信息、对提出的假设推理验证等。其局限性是比较适用于数理学科，需要学生具有一定的先行经验储备，这样才能从强烈的问题意识中找到解决问题的线索。

4. 情境—陶冶式

情境—陶冶式的基本步骤为：创设情境—参与各类活动—总结转化。这一模式的主要作用是对学生进行个性的陶冶和人格的培养，较适用于思想品德课、外语课、语文课、课外各种文艺兴趣小组和社会实践活动。

5. 示范—模仿式

示范—模仿式多用于以训练行为技能为目的的教学，通过这种模式所掌握的一些基本行为技能，如读、写、算以及各种运动技能，对人的一生都是十分有用的。它包括定向—参与性练习—自主练习—迁移四个基本程序。

在实际教学中，存在的教学模式远远不止这几种，且每种模式都可以有许多变式，各种教学模式并不是和各个具体单位时间（课时）一一对应的，有时一个课题的教学过程往往需要好几种教学模式综合运用来完成，因此，具体情况具体分析是选择教学模式的基本原则。

三、教学活动设计的几种学习方式

当代社会科学发展日新月异，知识更新越来越快，我们必须倡导新的学习方式，这也是实施新课程最为核心和关键的环节。其理由就在于，教育必须着眼于学生潜能的唤醒、发掘与提升，促进学生的自主发展；教育必须着眼于学生的全面成长，促进学生认知、情感、态度与技能等的和谐发展；教育必须关注学生的生活世界和学生独特的需要，促进学生有特色的发展；教育必须关注学生终身学习的愿望和能力的形成，促进学生的可持续发展。

1. 情境—体验式

情境—体验式是一种创造良好的学习情境，激发和改善学生的学习心态与学习行为，为每一个学生提供并创造获取成功的条件和机会的学习方式。情境的设计要适合学生的智力水平、学习能力和心理特点，在设计中情境交融，以愉悦的学习促成学习的愉悦，让学生体验到学习成功的乐趣。

2. 和谐—发展式

和谐—发展式是一种在教学过程中以学生知识的获取、能力的培养、方法的训练、行为习惯的养成为目的的教学设计。这种教学设计要求教师在教学中妥善处理好知识与能力、认知与情感等各种关系，让学生都积极参与到教学中来，达到学习交往、思维活动、情感培养的和谐统一。主体参与的讨论式、启发式、问题解决式及情境教学都是有效的方式。

3. 活动—过程式

活动—过程式是一种以学生活动为主，让学生积极参与，激励学生实践、探索的方式。活动过程重在展示知识发生、发展的过程，重在组织学生活动，促使学生在活动中思维，在思维中活动，达到过程与结论的统一，让学生体验到成功的快乐。

4. 探索—发现式

探索—发现式重在培养学生经过探索，发现新知识、规律并运用新知识分析和解决问题。教学设计中教师要体现出对学生的期望，积极鼓励学生去探索，并及时给予鼓励性评价。这种方式从目标的激励、学生学习潜能的开发，到引导学生自主学习和创造性学习，其目的是培养学生勇于探索、力求创新的精神和动手操作的能力。

5. 自主—交往式

自主—交往式体现了以学生合作学习为基础，激励学生自主学习，调动全体学生交流，创造有利于让学生发表自己见解的课堂气氛，让学生自主学习，合作参与，张扬个性。这种交往存在于教师与学生之间、学生与学生之间，多向互动促进互相激励，互相交流，取长补短。其价值在于让学生学会认知、学会做事、学会交往、学会共处。

第三节　高中数学课堂教学设计的标准与策略

一、课堂教学设计的标准

（一）教学结构合理

教学结构指组成一节课的各个教学环节以及各环节所占用的时间和各环节之间的顺序及其衔接方式。这里教学结构合理是指在课堂教学中，学生积极、主动、有效地参与教学活动的时间最多，教师单边活动的时间最少，而课堂教学效果最好，教学质量水平最高。

1. 教学设计要突出学生活动时间

教学是多边活动，也是多向传递活动。学生是主体，是教学中最活跃的动态要素，是教学质量水平的最终体现者。因此，教学必须以学生活动为主，在课时安排允许的前提下，必须给学生最多的活动时间，让他们最充分地表现自己、完善自己、创造自己。每节课的时间是固定的，但各教学环节和各要素所占的时间权重是相对的。从优化教学过程的角度讲，学生所占用的活动时间越长越好。因此，有人提出课堂上教师与学生的活动时间比例为3∶7，还有人提出2∶8，以充分保证学生独立自主学习的时间。其实，学生活动时间未必一定要用具体的量化标准来约定，因为不同教师、不同课程都有各自的不同特点，不同的教学设计有其不同的时间要求。从现代教学论的角度看，只要是教师的教学设计能牢牢把握住学生活动时间最多的尺度与合理的时间分配即可。

教学设计如何才能突出学生活动时间，设计时侧重考虑以下三点：

第一，在全部教学过程中，设计学生活动环节最多；

第二，在每一个学习活动环节中，设计学生参与的时间最多；

第三，在学生的参与过程中，设计学生积极思考的时间最多。

2. 教学设计要突出激发学生学习动力的内容

教学设计水平的重要标志之一就是看能不能设计出让学生积极主动学习的方案。为什么在教学设计时把学生的积极主动学习看得那么重要？因为它决定了一节课的教学效果。没有学生的主动学习是徒有形式的学习，是事倍功半的学习，是不成功的学习。主动，就是迫切、亟待、如饥似渴；主动就能使学生把学习当成第一需要，把活动当成一种享受，把参与当成最高追求；主动能产生激情；主动能开动机体各部器官的积极活动。无论是注意、记忆、观察还是想象、思维、创造，无论是情感、自信还是意志、勤奋，都能因主动而高速运转、协调匹配。

教学设计如何才能激发学生的学习动力？

（1）设计学生主动质疑的内容。学起于思，思源于疑。学生的学习贵在生疑，疑能引起学生的定向探究反射，能促进思维积极活动。所以，教师应当创设让学生提出问题的氛围，提出那些学生暂时不懂的问题，提出那些有怀疑的问题，提出那些有创建性的问题。

（2）设计学生积极研讨的内容。研讨是学生学习活动的重要形式，它可以使学生各抒己见，切磋问题，可以使师生合作、教学相长。因此，教学设计应当尽量多地增加这样的环节。

（3）设计学生积极动手的内容。动手能力是学生应该习得的基本技能。动手能力的培养也是开发学生心智的有效途径。因为“心灵”才能“手巧”，“手巧”才能“心灵”。教学中应尽量多地设计安排学生动手的活动，活动的难度要适中，活动的范围要广泛。

3. 教学设计要减少教师讲授的时间

传统教学论认为，教师是课堂教学的中心，因此教师占用的时间越多越好，教师要“讲深、讲透、讲彻底”。现代教学论主张教师讲授时间最少，教学质量最高，这是最优的教学结构。教学设计如何才能减少教师讲授时间呢？

（1）多设计点拨，少设计讲解。教师的讲解是必要的，但切忌设计出“满堂灌”的讲解方案。教学方案中要尽量多地设计教师的点拨。真正有效的点拨能使学生将“已知”和“未知”建立联系，能让学生开启一个崭新的视角。设计用启发性、刺激性的语言去点拨，力争通过简洁的信号刺激，在学生的思维中产生比较强烈的反应。

（2）多设计情境，少设计平静。教师主导作用的重要表现是课堂上能否为学生创设多种有利于学生学习的情境。“境”通常有愉悦情境、直观情境、愤悱情境、合作情境、创造情境、探索情境、实践情境等。因此教学设计要在多种教学情境上下功夫。不同情境有不同的作用，为完成某个任务，为达到某个目的，一定要针对要解决的问题设计不同的情境。教学设计切不可一味追求课堂的平静、安静、肃静，更不能设计压抑课堂教学气氛、限制学生参与教学活动的方案。

（3）多设计“一举多得”的问题，少设计“多举一得”的问题。设计教学的每一个步骤、每一个活动，都不能仅仅为了实现某一项目标、完成某一项任务。教学设计应当使学生做一件事情能有多方面的收获。在应试教学中，教师设计的每一件事都是为了完成唯一的任务，达到唯一的目的——应试，这种做法是劳民伤财的“多举一得”。素质教育批判这种“唯知识”的教学思想并否定片面追求升学率的做法。因此，教学设计必须是多线索、多方位、多效果的设计教学，即设计出在一项教学活动中，学生能“一举多得”，既能学知识，又能全面发展的好方案。

（二）教学容量饱满

教学容量是指在一节课的教学中，向学生实施素质教育所涉及的素质元的总量。素质元是指构成人的素质结构的基本单位。教学容量越大，教学设计中涉及的素质元的数量就越多。教学容量最大并不是大到无边无际，也不是教师可以随心所欲。确定极限的唯一根据就是学生的“最近发展区”，教学容量最大要以学生能否接受为前提。以往教学仅仅强调知识素质提高或者以发展知识素质为主线，少量涉及能力素质。这样的教学不是素质教学，也不能达到教学的饱满容量。教师在设计一节课的教学容量时，要在能达到的前提下，教学容量设计得越大越好。也就是说，一节课的教学既要使学生提高文化科学素质，又能进行思想道德教育；既能培养智能素质，又能发展非智力因素，即多种素质发展集中于一节课的教学。

教学设计如何才能达到教学容量最大？一是设计教学方案时，素质元的广度适中、深度适中及素质发展水平的定位适中。素质元的广度是指一节课中所能涉猎的社会性素质、心理素质、生理素质以及专业性素质的量。广度适中即面向全体学生，教师严格把握住“量”的多少。深度是指某一素质元，教师要求学生理解、掌握、应用的程度，深度适中即为深度合适。素质发展水平的定位是指课的教学容量要根据全班学生的总体发展水平来确定。定位适中即教学容量不能偏高，也不能偏低，要适合全班绝大多数学生。二是设计教学方案时，教师要有效把握知识的框架结构，有效突出学生智能因素的发展，有效激发学生的非智能因素，有效渗透思想品德教育。当然，教师还要特别注意设计那些对学生发展至关重要的、终身受益的关键环节。

（三）学生负担较轻

应试教育造成的严重后果之一就是学生负担过重：不单纯是课业负担重，更可怕的是心理负担太重。

学生课业负担过重。虽然片面追求升学率受到批判，应试教育受到抨击，但教师、学校、家庭、社会仍然把分数、升学炒得火热，虽然人们的口头上或舆论界不断地批评应试教育，但没有真正摆脱其影响，学生的课业负担“不减当年”。部分教师仍把学生视为“学习机器”和“知识仓库”，不停地开机，一味地灌输。“题海战术”“疲劳战术”仍是当前部分教师崇尚的策略。据调查，多数初中、高中毕业生每天学习时间超过 14 小时，一些学校的小学生也多达 10 小时。这种超负荷的高压教育实际上是一种摧残教育，是一种学生不愿接受但又不得不接受的失败教育。

教学设计如何才能使学生负担较轻？

一是在教学的全部设计中，没有给学生造成心理压力的任何内容；

二是在教学的全部设计中，给学生留作业的质量要高，总量要适中；

三是在教学的全部设计中，节假日、双休日不留或少留家庭作业。

总之，在贯彻新的课程理念、执行新的课程标准中，课堂教学是关键，所以课堂教学设计应从学生实际出发，创设有助于学生自主学习的问题情境、实际情境及活动情境，给学生提供充分从事学科活动的机会，帮助他们在自主探索和合作交流的过程中真正理解和掌握基本的知识与技能、学科思想和方法，获得有效的学科活动经验。

二、课堂教学设计的主要策略

课堂教学设计反映教师的教育理念和教学策略，反映教师教学的轨迹。在新的课改实验中，中学数学教材的内容、课堂教学结构、学习方式和师生角色等都发生了很大变化，无疑教学设计应与时俱进，其主要策略如下。

（一）深入了解学生，找准起点能力

所谓起点能力，就是学生对从事特定学科内容的学习已经具备的有关知识与技能的基础，以及对有关学习的认识水平、态度等。数学课程标准从学生的生活经验和已有的知识经验出发。事实也是这样，现在学生的学习渠道拓宽了，学习的准备状态往往超出教师的想象，这就要求教师了解教学的真实起点。为此，教师在备课时应思考以下三个问题：①学生是否已经具备学习新知所必须掌握的知识和技能？掌握的程度怎么样？②哪些数学知识学生已具备了生活经验？哪些离学生的生活经验比较远，要设计一些现实情境？③哪些数学知识学生能够自己学会，哪些需要教师点拨引导？这样，既尊重了学生的已有知识经验，沟通了新旧知识的联系，又提高了学生在情境中解决问题的能力。

（二）依据教材特点，优化教学内容

数学教材是落实课程标准、实现教学目标的重要载体，是教师进行教学的重要依据。目前，新修订或新编的中学数学教材，在内容上的要求是基本的，绝大多数学生通过努力可以达到，但综合性、弹性都增大了。这就要求教师根据实际教学的需要，对教材进行适当的加工处理，把课本中的例题、文字说明和结论等书面的东西转化为学生易于接受的信息。在教学设计时，教师应对下列问题作出回答：①教材内容是不是达成课时教学目标所必需的？哪些是学生已学过或者已经认识的内容？哪些数学知识的素材不够充分需要补充？②在校内、校外和网站上可利用哪些与教材内容关联密切的课程资源？③本节课的教学重点、难点是什么？从学生的实际情况怎样定位比较正确、恰当？④结合哪些内容进行数学思想和数学方法的教育？结合哪些内容培养学生积极的情感和态度？⑤在练习中如何处理基础与提高的关系，为水平不同的学生提出不同的数量和质量的要求？这样，教师以新教材为基石，不仅使新课程理念具体地落实到教材的处理中，而且使自己成为新教材的积极实践者和创建者。

（三）精心设计学习方式，引导学生合作探究

传统的课堂教学是以教为中心的“传递—接受”型注入式教学。新课标主张的是以学生发展为中心的“合作—探究”型互动式教学。教师通过相互矛盾的事件引起学生认知的不平衡，引导学生在自主探索和合作交流的过程中，理解和掌握基本的数学知识与技能、数学思想和方法，获得广泛的活动经验。为了提高探究的质量、合作的效益，教师在教学设计过程中应注意以下两个问题。

1. **精心设计问题**

合作探究从问题开始，教师的问题应注意四性：一是挑战性。问题能激发学生合作探究的兴趣；二是思考性。问题虽与已有知识和生活经验有密切联系，但与学生已有的认知有一定距离，必须在独立思考的基础上经过合作探究才能获得结果；三是开放性。问题的答案对学生来说是未知的，但不是唯一的，教师要让学生在相互启发中拓展思维；四是层次性。问题能激发不同层次学生的成功体验，使其领悟和认识学习数学的价值。

2. **讲究实效**

教师在设计教学方案时要认真思考以下问题：一是为什么这节课要进行合作探究学习，不用可以吗？二是如果要合作探究，哪些数学知识要用？大概需要多少时间？可能会出现哪些情况？如何点拨引导？三是如何把全班教学、小组合作与个人自学、独立思考结合起来，做到优势互补？四是如何引导学生学会交往、学会倾听、学会表达，提高合作探究的能力？

（四）注重过程，发展学生的创新思维

《普通高中数学课程标准（2017 年版）》指出："要让学生亲身经历将实际问题抽象成数学模型并进行解释与应用的过程。"这一理念揭示了数学教学不仅仅是为了让学生掌握现成的知识结论，更重要的目的是使学生将学得的知识迁移到新情境中，让学生创造性地解决问题。

1. **充分揭示概念和结论的发现过程**

中学数学教材内容的呈现一般采用"设置问题情境—学生探究—建立数学模型—解释、应用和拓展"的过程。但教材限于严谨精练和篇幅等原因，往往将数学结论的发现过程略去。实际上数学结论的发现与提出是经历了曲折的实验、比较、归纳、猜想和检验等一系列的探索过程的。如果教师在教学中照本宣科，学生只能知其然，不知其所以然。因此，教师在教学设计中要引导学生经历、感受和体验探索过程，不仅要学生了解结论的由来，强化对定理的理解与记忆，而且要培养学生发现问题和解决问题的能力，为今后的科学发现与创造打下基础。

2. **揭示解决问题的探索过程**

问题解决是培养学生创造性思维的重要途径之一。教材上的定理、性质和例题等证明求解往往省略了思路探索过程。如果教师只是按书本上的叙述传授给学生，学生学到的不过是一种机械的模仿，当面临新情境下具有挑战性的问题时，学生可能就会束手无策。为此，教师在进行教学设计时要思考如何调动学生的已有知识和经验去理解问题，使学生形成自己有效的学习策略。

（五）注重过程评价，帮助学生建立自信

《普通高中数学课程标准（2017 年版）》指出："评价的主要目的是为了全面了解学生的学习历程，激励学生学习和改进教师的教学；要关注学生数学学习的水平，更要关注他们在数学活动中所表现出来的情感与态度，帮助学生认识自我，建立自信。"这就表明，评价也是教学设计的重要组成部分之一，评价要突出过程性评价和发展性评价。

1. 对"双基"的评价注重理解和应用

无论是练习的设计、测试卷的编拟还是实践活动的组织中，对基础知识与基本技能掌握情况的评价，都应结合实际背景和解决问题的过程，更多地关注学生对知识本身意义的理解和在理解基础上的应用。例如，对数与代数的评价，不是单纯地考查对知识的记忆，不能过分地强调运算技巧，应主要考查学生对概念、法则及运算的理解与运用水平；对空间与图形的学习评价，应主要考查学生对基本几何事实的理解、空间观念的发展以及初步的演绎推理的能力；对于统计学习的评价，重点放在考查学生能否在具有现实背景的活动中应用统计的知识与技能，是否具有统计观念。评价可以促进学生了解数学化的过程，增强实践意识和应用意识。

2. 关注学生的情感体验

评价必须倾注更多的人文关怀。评价伴随教学活动的始终，而且以口头评价、及时评价、随机评价为主。当学生获得成功时，教师要给予赞赏，赞赏每一位学生见解的独特性，赞赏每一位学生在学习中所付出的努力及取得的进步，赞赏每一位学生的好学置疑和对自己的超越。当学生遇到挫折或失败时，教师应尽量肯定其成功和合理的成分，绝不能冷落、训斥，更不能辱骂、嘲笑学生。总之，教师应努力将评价过程变为一个情感知识化和知识情感化的过程。

（六）改进备课方法

传统的教案管理形式化，强调规范、标准，没有给教师留有足够的创造空间。新课程理念下的教学设计，应该既是教师教学过程中的创造性劳动，又是教师与教师、学生与学生相互沟通、集体智慧的结晶。因此，目前数学教学设计的过程和教案的形式有必要改进。

1. 共性教案与个性教案相结合

共性教案就是在同年级的数学教师中明确分工，每节课由一人主备，写出教学目标、重点、难点和教与学的思路、过程，以及练习设计等，形成活页教案、电子教案或备课手册，供其他教师补充、修改。在共性教案的基础上，各人根据班情、学情、教情，对共性教案进行调整、补充、拓展，力争形成凸现个人特色的、鲜活的教学设计。这样，可以汇集集体智慧、减少重复劳动，也有助于新教师的成长，但要防止个别教师不钻研教材、研究教法，单纯依赖共性教案的不良教学行为。

2. 增强教后反思，向“教后案”拓展

我们通常所说的教案一般指教师在授课之前的设计，可以说是“教前案”。在新课程改革的实践中，许多教师在教案的格式中增加了课后反思，谓之“教后案”。教后反思是教师以自己的教学活动为思考对象，对自己在数学教学过程中的行为以及由此产生的结果进行审视和分析的过程。教后反思主要记录在教学中的新发现、新规律、新见解、新突破等。经常、及时地记录这些心得体会，并进行必要的归类整理，使教学设计一直处于审视自我、共同矫正、共同完善的动态之中；又使教师逐步形成以课改理念为出发点和归宿点的备课观、教学观，促进学生的充分发展。

第四节　如何优化教学过程和合理选择教学方法

优化教学过程可以使广大师生耗费较少的时间和精力，收到优质效果。它作为实施素质教育的主要突破口和有效途径，是当前和今后一个时期素质教育的主攻方向。

所谓优化教学过程，是指选择优质的教学方法，可以使师生耗费较少的时间和精力而收到优质效果。显然，优化教学过程不是某种特别的教学方法和方式，它是在对教学规律与规则把握的基础上，教师对教学过程的一种明确的安排；是教师有意识地、有科学根据地选择一种最适合某个具体条件的课堂教学方案。

一、如何优化教学过程

就教学全过程来讲，教师应设计一个科学的教学结构、知识结构和能力结构。教学过程优化的意思就是按照教学的规律和规则来制订和选择一个最好的教学方案，用尽可能少的教学时间，取得最佳的教学效果。

教学过程要求教师具有熟练驾驭教材的能力，而不能让教材束缚教师。特别是新教材，为教师发挥才能提供了很大的空间和自由，教师可以根据实际教学需要增删教学内容，调整进度，扩展或延伸。其目的就是要使教材适合学生，“用教材教，而不是教教材”。所以教材处理得如何，反映了一个教师业务素质的高低。同样的教材，有的教师只能按教材罗列的顺序去教给学生；而有的教师却经过动脑筋，重新安排调整设计教案，使人听后感到有创新、有发展。

教学过程要体现出对教材的融会贯通，要注意知识的结构和规律，挖掘知识的内在联系；课内、课外同生产、生活实际的联系；要体现出教师知识渊博，要开阔学生的知识视野。

教学过程的课题设计要层次清楚、条理分明，要符合知识结构的特点，符合学生的认识规律和知识水平。既要加强基础知识、基本技能的教学，又要和发展智力、培养能力相结合；既重视“结论”的教学，更要重视“过程”的教学，即过程重于结论。

教学内容、知识密度要适当。深、广度要符合学生的认知水平。量要大，尽可能多地传授知识、培养能力，但要以学生能够接受或猎取知识的能力为标准，而不单指教师讲了多少。节奏要紧凑，过渡要自然，方法要灵活，气氛要活跃，时间分配要合理，有讲有练，有巩固检测的时间。

（一）必须提前设计的内容

1. 教学目标

评价一节课的优劣，首先要考虑的是课堂教学目标。达到教学目标的过程应该是灵活生成的，但达到怎样的教学目标一定是预先设计好的。随着课堂教学的深入，可能部分教学目标要随时调整，如提高要求或降低水平。但任何一节课在操作之前，都应有清晰而明确的教学目标。无论是有关知识和能力的目标，情感、态度、价值观的目标，还是使学生掌握学习方法的目标，都只能依靠教师课前的设计。

2. 教学环节

要达成教学目标，或者完成预定的教学任务，必须依靠几个步骤完成。可能每个教学步骤并不会完全按照教师的意愿去实现，但作为教学设计最重要的一部分，课堂教学的环节和步骤必须提前设计。一节课先做什么，再做什么，接着做什么，最后做什么，教师必须心中有数。因为讲究课堂的开放和活跃并不是天马行空，想怎么上课就怎么上课。大多时候，学生没有想象中那么善解师意。

3. 学习方式

学生选择哪种学习方式完成教学目标，教师要提前考虑到。一些公开课上，教师常常对学生说：“想怎么学就怎么学，想用哪种方法就用哪种方法。”在学生学习能力不高、自控能力不强的情况下，这种教学态度不仅不能起到把学习主动权还给学生的作用，还有可能导致对学生放任自流的不良结果。因此，教师清晰明白地要求学生使用某种学习方式，更有利于快速准确地达成教学目标。针对具体的学习内容，是选择讨论的方式、探究的方式、合作的方式还是发现的方式，教师要为学生量身定做。当然，学习方式的选择也要考虑学生的实际情况，而且要灵活多样，允许学生在一定条件下自主选择。

4. 陈述性的知识

一些基本的概念、定义，甚至词语的解释，其本身并没有太大的随意性，往往是约定俗成的。与程序性的知识不同，这些内容属于陈述性的知识，只需要用语言加以表达。对教师而言，最不能犯的错误便是基本知识的错误，因此，陈述性的知识是教师预先设计的内容之一。只有教师对基本知识烂熟于胸，当课堂上出现学生无力解决的问题时，教师才能有的放矢，快速处理，并给出准确的答案。

5. 辅助手段

借用什么样的手段辅助教学目标的完成，也要提前设计，精心准备，如多媒体课件、教学挂图、教学模型等。

（二）必须实现生成的过程

1. 体验式的过程

课堂教学的过程中，学习的过程就是学生自我感知的过程，这种体验式的过程具有不可替代性，只能在学生自主感受中生成。例如，语文课上，教师往往要求学生仔细听、认真看，然后说出自己的感受。学生的水平是参差不齐的，不可能步调一致，要达到教师的体验要求，学生只能在体验中积累。又如，要求学生有感情地朗读课文，学生的理解水平不尽相同。要读出怎样的语调、语气、节奏和高低缓急，只有靠学生反复阅读、教师示范，最终才能读得感情丰富、自然贴切。这些体验式的学习过程都只能随着教学过程生成，而不能依靠教师单方面的预先设计。

2. 发现式的过程

发现法是传统的学习方式，至今仍在课堂教学中发挥着重要作用。学生发现的过程即理解的过程，这个过程主要是学生的思维在活动，直至找出问题的答案。学生在课堂上发现的过程调动了众多的器官和手段，是生成的过程。例如，老师要求学生自读某一段文字，在这个过程中找出某个问题的答案。学生手中笔在画，眼睛在看，脑中在想，口中在小声念。有时候，学生要借助同学的帮助来加深理解；有时候，学生要凭借肢体语言理解（小学生做动作理解词义）文本。这一切都是生成的过程，不能靠教师一厢情愿的期待和设计。

3. **研究式的过程**

不少教师在课堂中采用研究式的方法解决问题，有利于培养学生的探究精神和创新能力。无疑，研究式的学习需要提出问题、论证问题，有一定难度和深度，是生成的过程。在研究式的学习中，教师要善于引导，不能死板地套用自己设计好的模式。例如，一位小学数学教师在让学生研究1平方分米等于多少平方厘米时，要求学生使用贴方格的方法，学生做起来很费时间，有学生提出用画方格的方法，简单而直观。教师没有武断地否决，而是让学生自主选择，并引导学生说出为什么那样做，加深了学生的印象。

4. **偶发式的过程**

课堂上冷不丁会出现偶发事件，要么是外界干扰，要么是学生的思维与教师背道而驰，打乱了课堂教学秩序。如果教师善于抓住偶发事件与教学内容的内在联系，及时调整教学计划，则可以生成一节质量上乘的课。例如，一位教师在教《江畔独步寻花》时，事先设定的程序是：读诗题，了解背景；读诗句，弄清内容；想诗境，体会感情；诵诗篇，赏析特色。可刚一上课，便有一位学生站起来发问："诗中写的'花'是什么花?"其余学生也在下面议论纷纷。教师马上意识到这是一个普遍关注的问题，于是放弃预设的教案，让学生讨论这个问题。当学生给出多种答案后，教师又根据学生的需要，把学生分组，一组为诗配乐，一组改写，一组到网络室收集相关资料，一组在班级小书库中查找，一组到花园观察。最后，学生不仅深刻地体会了诗歌内容，而且还有意想不到的收获。当然，这是一个特殊的个案，教师在处理偶发事件时需要有高度的教学机智，而且要慎之又慎。

实际上，预设与生成并非水火不容，关键看预设什么，怎么设计。要把一节节好课奉献给学生，不仅要具备高超的教学技艺，循循善诱地与学生互动，生成具有活力的教学过程，也需要教师未雨绸缪，精心设计每一个环节，在上课之前就成竹在胸。

（三）具体措施

1. **借助生活体验，化难为易，轻轻松松学数学**

数学具有理论的抽象性、逻辑的严谨性和应用的广泛性三大特点，使得许多学生认为数学单调、枯燥、乏味，容易产生畏难的心理乃至厌学的情绪。这导致平时教师花了许多精力去教，学生也花了很大的力气去学，但效果不理想。我们认为应对症下药、标本兼治，一条重要的途径就是不要让学生感到数学太抽象、太难。

2. 注重实验操作，培养能力，具体形象学数学

数学以实践中的空间图形与数量关系为研究对象，因此在教学过程中，教师可以通过一定的方法把抽象的理论具体化、直观化，学生往往更容易掌握。在课堂上，教师要充分发挥工具的作用，加强演示操作，使学生在观察分析的过程中茅塞顿开，学习兴趣倍增。

3. 营造宽松氛围，平等民主，快快乐乐学数学

要让学生喜欢学数学，我们认为营造宽松和谐的课堂教学环境也是极为重要的。所谓宽松和谐的教学环境就是民主的、开放的和外向的，鼓励学生自由思考、自主发现，甚至敢于批评争论的环境。在课堂上，教师鼓励学生三个挑战：一是向教师挑战，鼓励学生发表与教师不同的意见和观点；二是向课本挑战，鼓励学生提出与课本不同的看法；三是向权威挑战，鼓励学生通过自己的探索，否定权威的结论。只有创造空间，学生才能敢说、敢做、敢于标新立异，学生的创造潜能才能源源不断地被激发出来。

4. 强化应用意识，学以致用，实实在在地学数学

要形成应用数学的意识，仅仅停留在一种表面的兴趣上还是不够的，重要的是应该加深学生对数学应用价值的认识和体验。而提高这种认识的最佳途径是用数学自身的魅力去感染学生，使学生真正体验数学在人们的日常生活中无处不在。因此，在教学中，教师要根据学生已有的知识水平，结合课本的内容，适当增加数学应用的习题，以增强学生的应用意识和应用态度。

5. 激活每篇教材，变死为活，兴趣盎然学数学

教材是教学活动中的材料，课本是最主要的教材。但学生提问、作业、试卷、资料也是活生生的教材。教师要根据教学目标的具体需要，设计出一种新的动态结构来激发学生的学习兴趣。

6. 加强思维训练，大胆创新，不拘一格学数学

开放题成为数学高考中一道亮丽的风景，它在考查学生思维水平方面显示了强大的功能。在数学教学中，以开放题为载体，让学生进行开放型思维训练是当前数学课堂教学的着眼点之一。教师要创造性地使用教材，既注重一题多解、一题多变、多题一解的思维训练，又要打破教材中所涉及的命题大都是给出条件和结论，让学生去判断、推理、证明这一常规模式，设计一些具有不确定性，非唯一结论的问题，如条件不很清晰，不完备，需要探寻和补充的问题，现实性强，容易调动学生研究热情的问题，让学生在对开放题的探索中，思维得到锻炼，创造性思维得到发展。

二、选择合理的教学方法

教学改革越是深入，越要研究方法。南宋时期的朱熹说："事必有法，然后可成。"对一个教师来说，课前不仅要深入钻研教材，而且要注意教学方法的选择。

怎样才能根据具体情况，选择合理的教学方法，以达到最优的效果呢？首先，在选择教法之前，教师要钻研教材，掌握教材的特点。因为即使在同一学科中，各部分教材内容也有着不尽相同的特点，往往有难有易，有深有浅，这就必须选择相应的教学方法才能提高课堂教学效率。

其次，要根据学生的年龄特征和个性差异来选择。一般来说，年级越低，在一节课中越需要不断地变换教学方法。长时间地运用一种方法，就会使学生学习兴趣减退，降低学习效率。同时，在选择教法时教师还要考虑到各个班级的发展水平和学生的个性差异。班级特点不同，学生个性不同，所选择的教学方法就要有所不同。然后，选择和运用教学方法还要考虑到教师自身的特点。教学方法的最优化并不排斥教师的创造性，而是以教法创造性为先决条件。教师凭借自己的长处，更有效地运用课堂教学的教学方法，像鲁迅先生说的那样，会使枪的使枪，会使棒的使棒，不拘一格。总之，教法的选择要因教师而异，因学生而异，因教学内容而异，不能千篇一律，一刀切。如果离开了这一点，那整个教学活动就成了一潭死水，也就谈不上培养学生的能力，发展学生的智力了。

最后，还需要指出的是，在教学中任何一种方法实际都不能认为是最佳的。因为在实际教学中，常常是几种教学方法同时交替使用，只不过以其中一两个方法为主罢了。我们通常所说的教学艺术的高低，正是表现在这些方法综合运用时所具有的准确性和灵活性上。因此，我们在选择和运用教学方法时，要注意多种教法的相互渗透和相互补充。这样做不仅有利于全面发展学生的认识能力，而且有利于调动学生学习的积极性，同时还可以使学生以多种记忆方式和思维方式去理解教材，提高学习质量。当然，多样化应遵循一定的分寸，以免分散学生的注意力。正如苏联教育家巴班斯基所说的那样，"不要使教学变成活动种类变幻多端的万花筒"。

巴班斯基认为，优选教学方法具有六个标准：①教学方法要符合教学原则；②教学方法要符合教学目的、任务；③教学方法要符合教学内容的特点；④教学方法要符合学生学习的可能性、年龄的可能性、学生准备程度以及学生班集体的特征；⑤教学方法要符合现实条件，如规定的教学时间；⑥教学方法要符合教师自身的可能性，包括教师已有的经验、教育教学理论修养和实际修养水平、运用各种教学方法的能力、个性品质等。

（一）如何生成“最优的”教学方法

1. 以学生的学习作为立足点，发挥教对学服务的功能

就方法本义来说，应理解为教的方法和学的方法两个方面。但长期以来，人们只重视教法，不重视学法，只重视教法与教材的逻辑联系，不重视教法与学法之间的协调，这实际是陈旧的教学思想、观念在教学上的反映。实际情况是，任何认识、情感、意志和个性的发展都是在人的积极的、能动的实践过程中实现的。在教与学的共同活动中，学生是教育的对象，又是学习的主体，是活生生的具有主观能动性的人，不是知识的消极接收器和信息的储存仓库。教师用自己的头脑使学生聪明起来，把知识转化为学生的知识财富、智力和才能，要经过一个内化的过程，需要通过学生的积极思考和实践活动。因此，教学方法的优化改革要以研究学生科学的学习方法为前提，把教法建立在学法的基础上，教师主要起激励、组织、点拨、引导的作用，是学生学习的“引路人”。

2. 以启发式作为教学方法的指导思想

历史上积累起来的多种教学方法按其总的指导思想的不同，可以分为注入式和启发式两种。所谓注入式，是指教师从主观出发，向学生灌输现成的知识结论，并强迫学生呆读死记。启发式与注入式相反，是指教师从学生实际出发，充分调动学生学习的主动性、积极性，引导学生动脑、动手、动口，使他们通过自己的智力活动融会贯通地掌握知识，发展能力，提高分析问题和解决问题的能力。所以，看一种教学方法是否具有启发性，要看其能否激活学生的思维，诱其思而后悟，进而实现知识的智能化迁移。

3. 以教会学生如何学习和如何思维作为目标，培养学生的自学能力

教学方法的改进不应停留在提高学生今天的学习成绩上，而应有助于学生的发展。因为学校只能传授最基本、最重要的知识和信息，很多东西要在今后工作中去获得，所以，学校教学十分重要的任务是教会学生如何学习，如何研究，如何创造，教会他们如何获取、精选、综合和分析。“一个差的教师奉送真理，一个好的教师则教人发现真理。”这句话是说，教学方法的选择运用不仅仅在于让学生“学会”，更重要的是让学生“会学”。

4. 重视学生的情绪，使其理性与非理性、智力因素及非智力因素相结合，促使学生整体协调发展

现代心理学研究表明：情感因素是人们接收信息渠道中的阀门，积极的情感是学生认识活动的“能源”和“发动机”。教学方法的优化改革就十分重视并充分利用这一动因和内因，从知、情、意等多维度来建立多功能的教学方法，克服理性与非理性、智力和非智力因素的分离，以实施知、情、意等全面发展的整体性教育，促进学生多方面和谐发展。

5. 协调教学方法之间的关系，合理地使用多种教学方法

教学方法是师生相互联系的方式，因为活动方式和性质是多种多样的，所以教学方法也是多种多样的。实践证明，把各种方法结合起来运用，可以兼顾教材各部分的特点，使教师更好地发挥自己在教学活动中的能力和才干，并找出最合理的学生掌握知识的途径。

（二）教学有法，教无定法，贵在得法

在教学改革上，有一句老话讲得很好：“教学有法，教无定法，贵在得法。”教学有法可依，不能无法。教学乏术，等于置教学于死地，等于抛弃了教学风格的追求。无法就会乱套，跟着感觉走必然摔跟斗。然而，教学确又无定法，事实上也难以定法。社会的变化、时代的变迁、科技的发展、地域的差异、学生素质的不同等，决定了我们不能仅用一个亘古不变的模式去套用。况且教学过程又是一个动态变化的过程，很难完全与备课时所设想的理论轨迹相吻合。千篇一律、千师一面、千课一法的定法在教学上是鲜有作为的。可见，定法与无法同样有害。法随事改，法因人变，才是教法改革的希望之所在。

教学有法是走向教无定法的前提，教无定法是对有法的升华。从无法到有法，这是进步，从有法到无定法，这是突破，从无定法到创新法，贵在得法，这是飞跃。变无法为有法，需要教师付出艰苦的劳动，使有法为无定法，需要教师抛洒辛勤的汗水。化有定法为新法，更需要教师呕心沥血、鞠躬尽瘁，至此方能达到有法而不拘泥于定法，炉火纯青，寓法于无法之中，达到运用自如的境界。

第六章

高中数学教学设计案例

案例1　简单的线性规划

【教材分析】

教材的地位与作用：线性规划是运筹学中理论较完整、方法较成熟、应用较广泛的一个重要分支，可以解决科学研究、工程设计、经济管理等诸多方面的实际问题。本节内容是在学习了不等式、直线方程的基础上，利用不等式和直线方程的有关知识展开的，它是对二元一次不等式的深化和再认识、再理解。虽然中学所学的简单线性规划只是规划理论中极小的一部分，但是这一部分的内容也能体现数学的工具性、应用性。同时这部分内容渗透了转化与化归、数形结合的数学思想，使学生进一步了解数学在解决实际问题中的应用，培养学生学习数学的兴趣、数学建模的意识和解决实际问题的能力。因此，本节是向学生进行数学思想方法教学的好教材，也是培养学生观察、作图等能力的好教材。在当今高考命题“重数学思想，轻方法技巧”的大趋势下，本节的内容就显得尤为重要。

【教学目标】

1. 目标分析

在新课标促进学生多元化和谐发展的教育理念，以及让学生经历“学数学、做数学、用数学”的数学教育理念的指导下，本节课的教学目标分设为知识与技能目标、过程与方法目标、情感与态度目标。

2. 知识与技能目标

（1）了解线性规划的基本意义，了解线性约束条件、线性目标函数、可行解、可行域和最优解等概念。

（2）理解线性规划问题的图解法，并且会利用图解法求出线性目标函数的最优解。

3. 过程与方法目标

（1）在应用图解法解题的过程中培养学生的观察能力、理解能力。

（2）在变式训练的过程中，培养学生的分析能力、探索能力。

（3）培养学生观察、联想以及作图的能力，渗透集合、化归、数形结合等数学思想，提高学生建模和解决实际问题的能力。

4. 情感与态度目标

（1）让学生体验数学来源于生活，服务于生活，体验数学在实际生活中的作用，体会学习数学的乐趣。

（2）让学生体验数学活动中的探索与创造，培养学生勤于思考、勇于探索的科学精神。

（3）让学生学会用运动的观点观察事物，了解事物之间从一般到特殊、从特殊到一般的辩证关系，渗透辩证唯物主义认识论的思想。

【教学重难点】

依据对教材的上述分析，根据大纲要求以及学生的特点制定本节的重点、难点，具体如下：

重点：用图解法解决简单的线性规划问题。

难点：在可行域内，用图解法准确求得线性规划问题的最优解。

【学情分析】

我校高二学生已具有较好的不等式、直线方程等基础知识和较强的分析问题、解决问题的能力，但由于我校是全封闭寄宿制中学而且许多学生来自农村地区，学生接触外面世界的机会较少、思维不够活跃、想象力不够丰富；同时，学生具有合作互助的精神、执着的探索精神、严谨的科学态度、强烈的求知欲望。针对我校学生的上述特点，我制定了以实际问题为突破口，以学生自主学习、教师引导为基本模式，辅助以多媒体教学手段，充分发挥学生的主观能动性，来到达最优化的教学效果，尽可能提高教学效率、激发学生学习数学的热情、全面提高学生的数学素养。

（一）创设情境，提出问题

在课堂教学的开始，我以一个我校真实的案例为突破口，带领学生进入学习情境。

例1 2008年4月，二中北校区高三年级共有学生600人要参加2008年高考体检。因为二中北校区交通不太方便，同时为保证学生安全顺利地参加体检并准时返校，我校决定租赁公交公司公交车接送学生。公交公司可以提供大巴、中巴两种车型。其中，大巴车每辆满载人数40人，中巴车每辆满载人数30人。每辆车的租赁费用大巴车100元、中巴车80元。为保证往返途中体检顺利完成，每辆大巴车配备2名跟车教师，每辆中巴车配备1名跟车教师，我校当天可以派出至多24名教师。要租赁大巴、中巴车各多少辆，能使学校租车的总费用最低？

表6－1－1　例1分析表

车型 条件	大巴	中巴
学生人数	40	30
教师人数	2	1
费用（元）	100	80

解：设需要租赁大巴 x 辆，中巴 y 辆。

由题意可知 x，y 应满足条件：

$$\begin{cases}40x+30y\geqslant 600\\2x+y\leqslant 24\\x\in\mathbf{N}\\y\in\mathbf{N}\end{cases} \text{即} \begin{cases}4x+3y\geqslant 60\\2x+y\leqslant 24\\x\in\mathbf{N}\\y\in\mathbf{N}\end{cases} \quad ①$$

又设总费用为 z 元，则 $z=100x+80y$。于是问题转化为：当 x，y 满足条件 $\begin{cases}4x+3y\geqslant 60\\2x+y\leqslant 24\\x\in\mathbf{N}\\y\in\mathbf{N}\end{cases}$ ①时，求成本 $z=100x+80y$ 的最小值问题。

设计意图： 数学是现实世界的反映。以学生身边的真实问题引入，激发学生的兴趣，引发学生的思考，培养学生从实际问题抽象出数学模型的能力。

（二）分析问题，形成概念

那么如何解决这个求最值的问题呢？这是本节课的难点。我让学生先自主探究，再分组讨论交流，在学生遇到困难时，我运用化归和数形结合的思想引导学生转化问题，突破难点。

（1）学生基于上一课时的学习，讨论后一般都能意识到要将不等式组①表示成平面区域。（教师动画演示画不等式组①表示的平面区域）于是问题转化为当点（x，y）在此平面区域内运动时，如何求 $z=100x+80y$ 的最小值的问题。

（2）由于此问题难度较大，我试着这样引导学生：由于已将 x，y 所满足的条件几何化了，你能否也给式子 $z=100x+80y$ 作某种几何解释呢？学生很自然地想到要将等式 $z=100x+80y$ 视为关于 x，y 的一次方程，它在几何上表示直线。当 z 取不同的值时可得到一组平行直线。于是问题又转化为当这组直线与此平面区域有公共点时，如何求 z 的最小值的问题。

（3）这一问题相对于部分学生来说仍有一定的难度，于是我继续引导学生：如何更好地把握直线 $z=100x+80y$ 的几何特征呢？学生讨论交流后得出要将其改写成斜截式 $y=-\frac{5}{4}x+\frac{z}{80}$。至此，学生恍然大悟：原来$\frac{z}{80}$就是直线在 y 轴上的截距，当截距$\frac{z}{80}$最小时 z 也最小。于是问题又转化为当直线 $y=-\frac{5}{4}x+\frac{z}{80}$与不等式组①表示的平面区域有公共点时，在区域内找一个点 P，使直线经过点 P 时在 y 轴上的截距最小的问题。

（紧接着我让学生动手实践，用作图法找到点 P（6，12），求出 z 的最小值为 1560，即最低租车费用为 1560 元。）

就在学生趣味盎然之际，我就此给出相关概念：

不等式组①是一组对变量 x，y 的约束条件，这组约束条件都是关于 x，y 的一次不等式，所以又称为线性约束条件。$z=100x+80y$ 是欲达到最大值或最小值所涉及的变量 x，y 的解析式，叫作目标函数。由于 $z=100x+80y$ 又是 x，y 的一次解析式，所以又叫作线性目标函数。

一般地，求线性目标函数在线性约束条件下的最大值或最小值的问题，统称为线性规划问题。满足线性约束条件的解（x，y）叫作可行解，由所有可行解组成的集合叫作可行域。其中使目标函数取得最大值或最小值的可行解都叫作这个问题的最优解。上述求解线性规划问题的方法叫图解法。

设计意图： 数学教学的核心是学生的再创造，让学生自主探究，体验数学知识的发生、发展的过程，体验转化和数形结合的思想方法，从而使学生更好地理解数学概念和方法，突出了重点，化解了难点。

（三）反思过程，提炼方法

解题回顾是解题过程中重要又常被学生忽略的一个环节。我借用多媒体辅助教学，动态演示解题过程，引导学生归纳、提炼求解步骤：

（1）画可行域——画出线性约束条件所确定的平面区域。

（2）过原点作目标函数直线的平行直线 l_0。

（3）平移直线 l_0，观察确定可行域内最优解的位置。

（4）求最值——解有关方程组求出最优解，将最优解代入目标函数求最值。

简记为“画—作—移—求”四步。

设计意图： 数学反思能力对于增强学生对知识的理解、培养学生的技能、发展学生的数学能力有着重要作用。它能够使学生深刻理解数学知识，更加清楚自己的思维习惯、改善自己的学习方法，进一步提高自己的数学学习能力。我在课堂上有意识地培养学生反思的习惯和意识。

（四）运用新知，解决问题

为了及时巩固知识，反馈教学信息，我安排了如下练习：

课堂练习1：教材P70练习第1题（1）（2）小题。

课堂练习2：设 $z=2x+y$，式中变量 x，y 满足约束条件 $\begin{cases}3\leqslant x+y\leqslant 5\\1\leqslant x-y\leqslant 3\end{cases}$，求 z 的最大值和最小值。

（学生独立完成巩固性练习，教师投影解答过程。同桌同学相互交流、批改和更正。）

设计意图： 及时检查学生利用图解法解线性规划问题的情况。学生通过本练习不但熟悉了新知识，而且也体会到了一种全新的解不等式的方法，再一次深刻体会到数形结合的妙处，同时又巩固了旧知识，完善了知识结构体系。

（五）变式演练，深入探究

为了让学生更好地理解用图解法求线性规划问题的内在规律，我在课堂练习的基础上设计了例2和几个变式：

例2 设$z=2x-3y$，式中变量x，y满足下列约束条件$\begin{cases}3x-2y-2\geqslant 0\\x+4y+4\geqslant 0\\2x+y-6\leqslant 0\end{cases}$，求$z$的最大值和最小值。

变式1：设$z=ax+y$，式中变量x，y满足下列约束条件$\begin{cases}3x-2y-2\geqslant 0\\x+4y+4\geqslant 0\\2x+y-6\leqslant 0\end{cases}$，若目标函数$z$仅在点（2，2）处取到最大值，求$a$的取值范围。

变式2：设$z=ax+y$，式中变量x，y满足下列约束条件$\begin{cases}3x-2y-2\geqslant 0\\x+4y+4\geqslant 0\\2x+y-6\leqslant 0\end{cases}$，若使目标函数$z$取得最大值的最优解有无数个，求$a$的值。

（学生合作探讨完成变式练习，教师投影解答过程。同桌学生相互交流、批改和更正。）

设计意图：用已知有唯一（或无数）最优解时反过来确定目标函数某些字母系数的取值范围，用改变目标函数的形式来训练学生从各个不同的侧面去理解图解法求最优解的实质，培养学生思维的发散性。

（六）归纳总结，巩固提高

1. 归纳总结

为使学生对所学的知识有一个完整而深刻的印象，我请学生从以下两方面自己小结：

（1）这节课学习了哪些知识？

（2）学到了哪些思考问题的方法？

（学生回答）

小结：

（1）用图解法解决简单的线性规划问题的基本步骤：画—作—移—求。

（2）最优解存在于可行域的边界直线或者顶点处。

2. **布置作业**

(1) 认真阅读本节内容，完成课本 P70 习题 7.4 第 2 题。

(2) 思考题：设 $z=2x-3y$，式中变量 x，y 满足约束条件 $\begin{cases}3x-2y-2\geqslant 0\\x+4y+4\geqslant 0\\2x+y-6\leqslant 0\end{cases}$，求目标函数 z 的最大值和最小值，并找出可行域中所有的整数点。

设计意图： 小结有利于学生养成及时总结的良好习惯，并将所学知识纳入已有的认知结构，同时也培养了学生数学交流和表达的能力。作业让学生巩固所学内容并进行自我检测与评价，且为下一课时解决实际问题中的最优解是整数解的教学埋下伏笔。

案例2　导数的几何意义

【学情分析】

从知识上来看，学生已经通过事例经历了由平均变化率到瞬时变化率刻画现实问题的过程，理解了瞬时变化率就是导数，体会了导数的思想和实际背景，但是这些都是建立在数的基础上的，学生也渴求了解导数的另一种形式——形。从学习能力上来看，通过高中阶段的学习实践，学生掌握了一定的探究问题的经验，具有一定的想象能力和研究问题的能力。从学习心理上看，学生对曲线的切线认识有一定的思维定式，即“与曲线仅有一个公共点的直线是曲线的切线”。本节课，我们要在概念上上升一个层次，不是从公共点上定义切线，而是由割线的逼近来定义曲线的切线，把曲线的切线上升到新的思维层面上，以此激发学生的好奇心和兴趣。

【教学目标】

1. 数学抽象能力的培养

（1）体会瞬时变化率，归纳形成切线的过程。

（2）抽象概括并通过逼近的思想理解导数的概念，引导学生发现并学习导数的几何意义。

2. 数学运算和数据分析能力的培养

以平均变化率与瞬时变化率的公式运算培养学生数学运算和数据分析的能力。

3. 直观想象和数学建模能力的培养

（1）渗透不断逼近的数学思想，以有限认识无限，通过函数曲线的割线到某一点的切线培养学生数学建模的能力。

（2）观察函数曲线的变化趋势，发现导数的几何意义，以及对于以往不方便求曲线的切线方程的一个突破。

【教学重难点】

重点：切线的概念和导数的几何意义及简单应用。

难点：切线的概念与以前圆的切线概念之间的整合，导数几何意义的理解。

【教学过程】

活动一：复习引入

让学生回忆导数的含义及其本质。

设计意图： 承上启下，自然过渡。

板书（用 PPT 展示回忆的结果）

平均变化率$\frac{\Delta y}{\Delta x}=\frac{f(x_0+\Delta x)-f(x_0)}{\Delta x}$。

瞬时变化率$f'(x_0)=\lim\limits_{\Delta x\to 0}\frac{\Delta y}{\Delta x}=\lim\limits_{\Delta x\to 0}\frac{f(x_0+\Delta x)-f(x_0)}{\Delta x}$。

师：导数的本质仅是从代数（数）的角度来诠释导数，若从图形（形）的角度来探究导数的几何意义（板书课题），应从哪儿入手呢？

（教师引导学生：数形结合是重要的思想方法。要研究“形”，自然要结合“数”。）

活动二：新课探究

1. 切线概念的形成

思考：观察函数 $y=f(x)$ 的图象，平均变化率$\frac{\Delta y}{\Delta x}$在图 6－2－1 中表示什么样的几何意义？

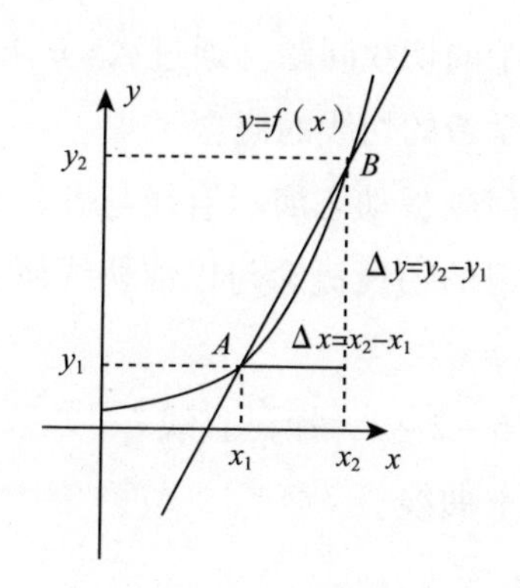

图 6－2－1　函数图象 1

设计意图：为后面的探究做准备。

探究 1：（教师展示做好的动画）观察课件中给出的动画（图 6－2－2），P 是一定点，当动点 P_n 沿着曲线 $y=f(x)$ 趋近于点 P 时，割线 PP_n 的变化趋势如何？

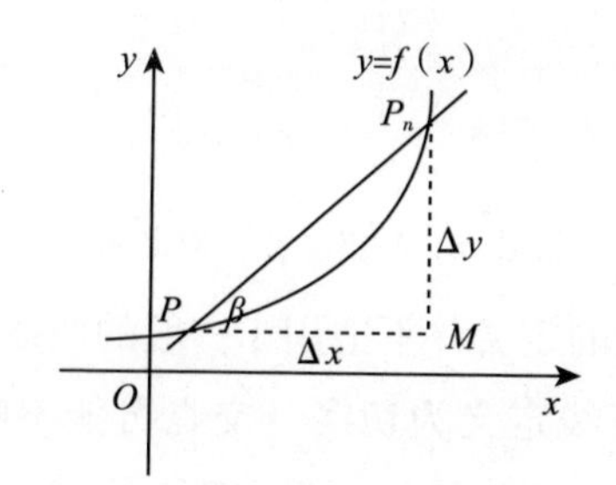

图 6－2－2　函数图象 2

（让学生思考，讨论并回答）初步得到切线的概念，如下：

当点 P_n 沿着曲线 $y=f(x)$ 无限逼近点 P，即 $\Delta x\to 0$ 时，割线 PP_n 如果有一个极限位置 PT，则我们把直线 PT 称为点 P 处的切线。

2. **切线概念的辨析**

探究 2：此处切线的概念与我们以前学过的切线概念有何关系？

设计意图：通过以前对切线的认识和今天切线的概念的整合，两者融为一体，为切线概念的后续学习和复习打下基础。

探究第一步：回顾切线概念的三个阶段。

第一阶段：初中所学圆的切线的概念（直线与圆有唯一公共点时，叫作直线与圆相切。点叫作切点，直线叫作圆的切线）。

第二阶段：圆锥曲线中的切线问题（通过 $\Delta=0$ 求解与切线有关的问题）。

第三阶段：今天我们学习的切线的概念。

探究第二步：通过几何画板动态演示直线与圆、直线与椭圆的相切，让学生观察之后明白今天所学习的切线概念与以前切线概念以及对切线的认识并不冲突。

探究第三步：观察图 6－2－3，探讨直线 l_1，l_2 是否为切线的问题，得出以前切线概念并不适用于一般曲线。

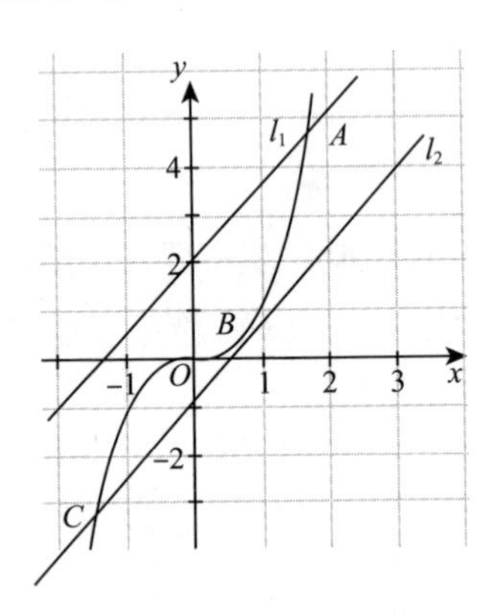

图 6－2－3　函数图象 3

探究总结：圆的切线的定义并不适用于一般的曲线。通过无限逼近的方法，将割线趋于确定位置的直线定义为切线（交点可能不唯一）适用于各种曲线。所以，这种定义才真正反映了切线的直观本质。

3. 导数几何意义的探究

探究 3：我们知道，当点 P_n 沿着曲线 $y=f(x)$ 无限逼近点 P，即 $\Delta x\to 0$ 时，割线 PP_n 如果有一个极限位置 PT，则我们把直线 PT 称为点 P 处的切线。那么，割线的斜率和切线的斜率有何关系？

设计意图：引入导数几何意义，使学生从“形”的角度对导数有新的认识。

通过探讨，得出：

$\dfrac{\Delta y}{\Delta x}=\dfrac{f(x_0+\Delta x)-f(x_0)}{\Delta x}$ 为割线 PP_n 的斜率。

$f'(x_0)=\lim\limits_{\Delta x\to 0}\dfrac{\Delta y}{\Delta x}=\lim\limits_{\Delta x\to 0}\dfrac{f(x_0+\Delta x)-f(x_0)}{\Delta x}$ 为切线 PT 的斜率。

4. 导数几何意义的形成

函数 $f(x)$ 在 $x=x_0$ 处的导数就是它在该点处切线的斜率，即

$$k=\lim_{\Delta x\to 0}\frac{f(x_0+\Delta x)-f(x_0)}{\Delta x}=f'(x_0)$$

说明：$y=f(x)$ 在 $x=x_0$处的导数⇔$f(x)$ 在该点处的斜率⇔$y=f(x)$ 在 $x=x_0$处的瞬时变化率。

活动三：概念巩固

例 若曲线 $f(x)=x^2$ 在点 $(x_0, f(x_0))$ 处的切线方程为 $2x+y=0$，则 $f'(x_0)=$__________，切点坐标为__________。

（解答过程板书）

说明：切点既在切线上也在曲线上。

变式练习：求曲线 $f(x)=x^2+1$ 在点 $P(1, 2)$ 处的切线方程。

说明：此题有两种解法，

方法一：利用 $\Delta=0$，求斜率。

方法二：利用导数求斜率。

将上述例题和练习完成之后，教师可以适时提出疑问：求 $f(x)=x^3$ 在点 $(1, 1)$ 处的切线方程能否用判别式计算？

设计意图：让学生明白，只有二次曲线才能用 Δ 求切线斜率。

活动四：课堂小结

（1）切线的定义。

（2）导数的几何意义：函数 $f(x)$ 在 $x=x_0$处的导数就是它在该点处切线的斜率。

（3）导数几何意义的应用：用导数求切线斜率，进而求出切线方程。

案例3　弧度制教学设计

【教材分析】

本节课是苏教版数学必修4第一章1.1节“任意角、弧度”的第2课时。“三角函数”这一章的教学共分为三大节，其中1.1节“任意角、弧度”分为两部分：第一部分是“任意角”，角的度量仍采用角度制；第二部分是弧度制，弧度制的本质是用线段长度度量角的大小，用对应的弧长与圆半径之比来度量角，实现了角的集合与实数集**R**之间一一对应的关系。弧度制统一了三角函数自变量与函数值的单位，因为只有这样才能进行基本初等函数的运算（四则运算、复合、求反函数等），使函数具有更广泛的应用性，同时学习弧度制为后续学习提供便利，众多公式可以简化。所以本节课的学习对本章以及今后的数学学习十分重要。

【教学目标】

（1）通过经历弧度制产生的过程，理解弧度的意义，能正确地进行弧度与角度的换算，熟记特殊角的弧度数。

（2）了解角的集合与实数集**R**之间可以建立一一对应的关系。

（3）掌握弧度制下的弧长公式，会利用弧度制解决某些简单的实际问题。

【教学重难点】

重点：理解弧度的意义，能正确地进行弧度与角度的换算。

难点：弧度的概念。

【教学手段】

多媒体辅助教学，实验操作、小组讨论、相机引导相结合。

【教学过程】

（一）实验：直观感知

导语：同学们，很高兴能来常州高级中学参加这次优课比赛，很巧昨天正好也是我儿子10周岁的生日。经过中心将圆形蛋糕切三刀分成了6块，这6块大小相差无几。现从中挑出最大的一块给儿子，同学们帮我想想办法？

问题1：如图6－3－1所示，在半径为r的圆O中，如何比较$\angle AOB$与$\angle COD$的大小，并说明理由。

可能方案：

（1）用量角器度量。

（2）比较弦长。

（3）比较弧长。

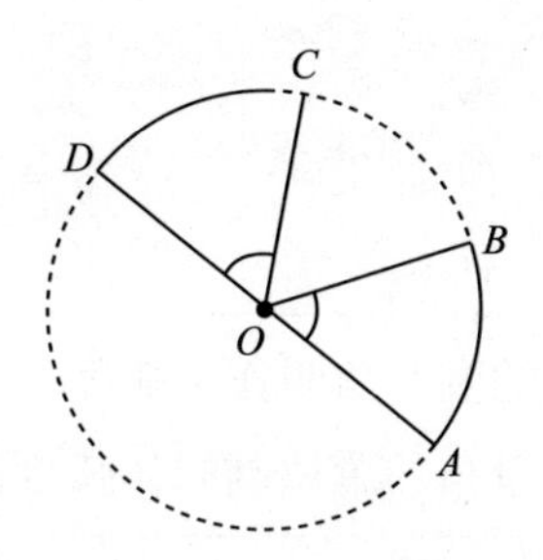

图6－3－1

设计意图：数学源于生活，对生活中的深刻研究是数学发现最自然的来源。结合情境，让学生直观感知，抽象出数学模型，并通过实验操作、合作交流来比较$\angle AOB$与$\angle COD$的大小。重温了角度制，对同圆或等圆中的弦、弧、圆心角之间的关系进行了回顾，培养了学生直观想象、数学建模的能力。

问题2：当弧长l一定时，随着半径r的增大，圆心角α发生什么变化？

问题3：弧长l、半径r和圆心角α三者之间存在怎样的数量关系？

本质揭示：通过弧长公式$l=\frac{n\pi r}{180^\circ}$，引导学生利用$l$与$r$的比值来表示圆心角$n=\frac{180^\circ}{\pi}\cdot\frac{l}{r}$。

几何画板验证，如图6－3－2所示。

设计意图：构建开放的活动，让学生经历直观感知—公式说理—画板验证等环节，感悟数学的严谨之美。通过几何画板实验得到：圆心角随着 l 与 r 的比值的确定而唯一确定，从而启发学生，利用 l 与 r 的比值来度量圆心角，同时穿插数学史，鼓励学生用审慎、科学严谨的数学眼光和数学思维去观察和思考。

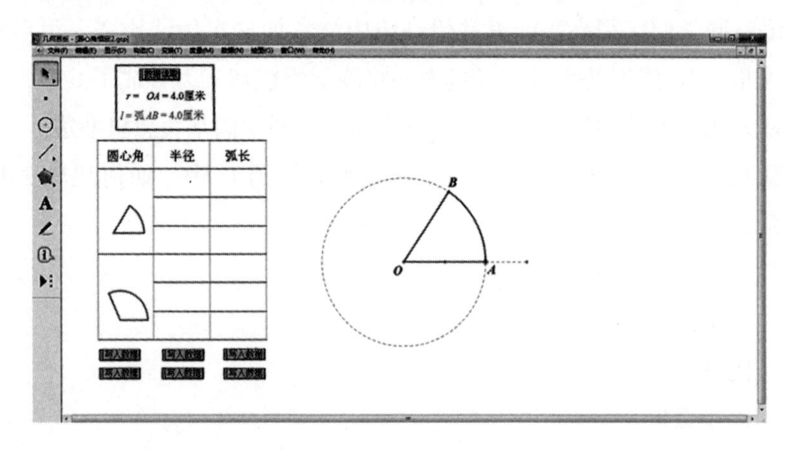

图 6－3－2　几何画板

（二）探究：意义建构

形成定义：

长度等于半径长的弧所对的圆心角叫作 1 弧度（radian）的角，记作 1 rad。用弧度作为角的单位来度量角的单位制叫作弧度制（radian measure）。

问题 4：如图 6－3－3 所示，请你在给出的实验纸上作出 1 弧度的角。

问题 5：如图 6－3－4 所示，弧度制下 1 弧度的角和角度制下 60°角相比，哪一个更大呢？

图 6－3－3　　图 6－3－4

设计意图：学生通过活动，进一步理解 1 弧度的角的定义，建立对 1 弧度的角的直观理解，并加深对定义的理性认识。

问题 6：完成表 6－3－1。

表 6－3－1　关于圆的表格

圆半径	r	r	r	r	r	…	r
圆弧长	r	$2r$	$3r$	πr	$2\pi r$	…	l
圆心角						…	

对任意一个角 α，其弧度数的绝对值等于 α 所对应的弧长与半径的比，即圆心角的大小 $|\alpha|=\dfrac{l}{r}$。

正角的弧度数是正数，负角的弧度数是负数，零角的弧度数为 0。

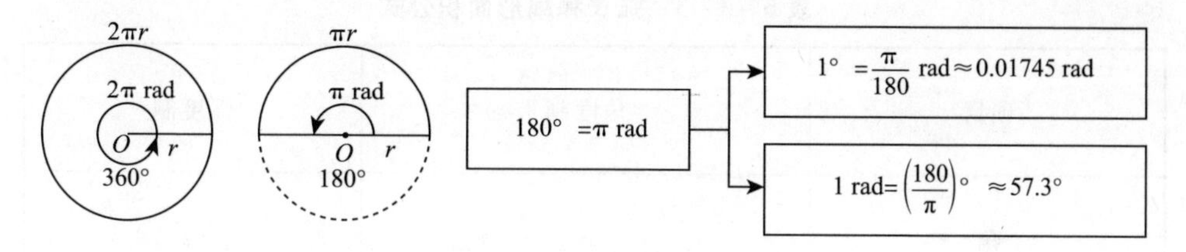

图 6－3－5　圆的公式

设计意图：由 1 rad 的定义出发，引导学生发现 $|\alpha|=\dfrac{l}{r}$。通过两组特殊数据（$2\pi=360°$和 $\pi=180°$），发现角度和弧度之间的互换关系，培养学生依托数据分析解决问题的能力。

（三）引导：实践应用

做一做：在图 6－3－6 中写出各特殊角所对应的弧度数。

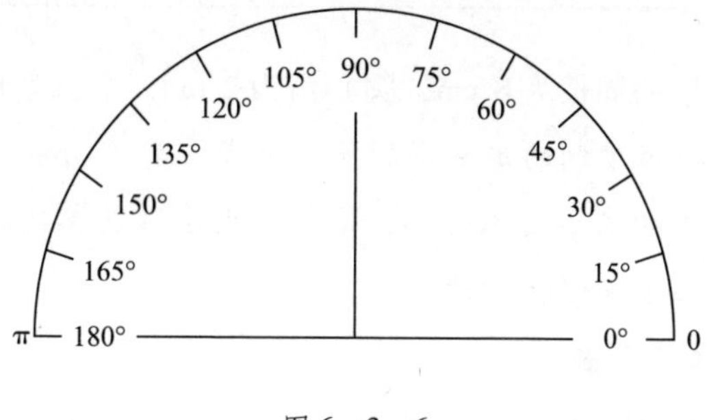

图 6－3－6

例1 请将表6-3-2中的弧度和角度互化。

表6-3-2 弧度和角度互化表

弧度	$\frac{3\pi}{5}$	-3.5		
角度			$252°$	$-11°5'$

设计意图：强化弧度与角度之间的互化，一方面帮助学生巩固所学，正确进行弧度与角度的互化，熟记特殊角的弧度数；另一方面通过规范化地思考问题，提升学生的数学运算素养。

例2 根据表6-3-3推导弧度制下的弧长和扇形面积公式。

表6-3-3 弧长和扇形面积公式

项目	角度制	弧度制
角	n	α
半径	r	r
弧长公式	$l=\frac{n\pi r}{180°}$	
扇形面积公式	$S=\frac{n\pi r^2}{360°}$	

应用：已知扇形的周长为8 cm，圆心角为2 rad，求该扇形的面积。

设计意图：通过弧度制的定义得到弧长公式，类比初中推导扇形面积公式的方法得到弧度制下的扇形面积公式，培养学生逻辑思考数学问题的能力，形成合乎逻辑的思维品质和理性精神。

（四）提炼：反思拓展

知识结构如图6-3-7所示。

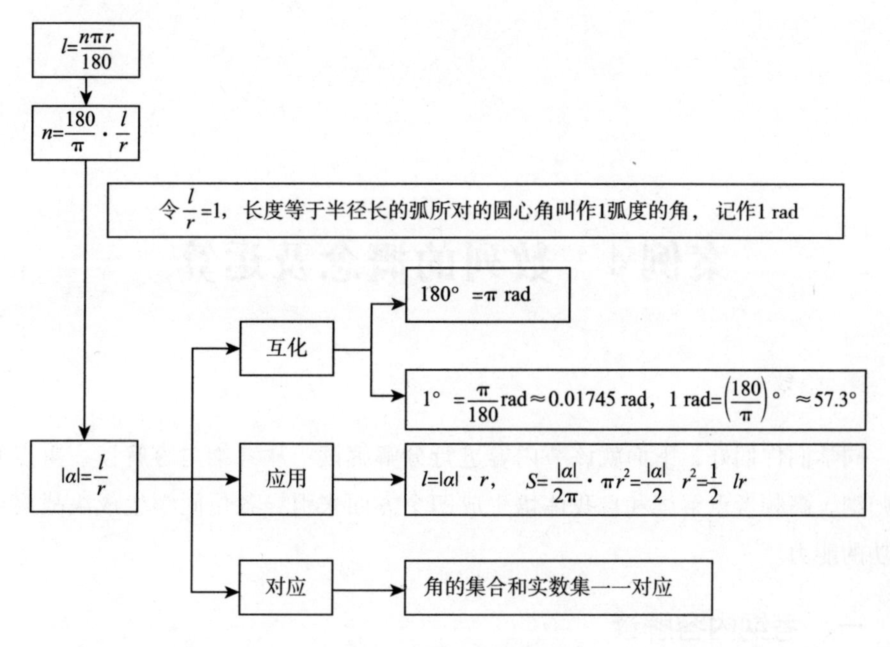

图 6－3－7　知识结构

设计意图： 通过提要素、理关系、建结构、明功能，对本节内容进行梳理重构，形成可见的思维结构。

【课后作业】

1. 基础达标

教材第 10 页，习题 1.1 中 3，4，6，8，9。

2. 能力提升

（1）教材第 10 页，习题 1.1 中 10。

（2）用弧度制表示：终边相同的角、各轴线角、各象限角的集合。

3. 拓展探究

（1）搜集与弧度制有关的数学故事（数学史），并相互交流。

（2）了解度量角的其他单位制。

案例4 数列的概念及运算

同学们你们好，下面就该节内容进行分解解读：从考纲内容解读、重点知识归纳、高频考点解读和自我体悟生成四个方面来引导各位同学生成决战高考成功的能力。

一、考纲内容解读

（1）了解数列的概念和几种简单的表示方法（列表、图象、通项公式）。

（2）了解数列是自变量为正整数的一类函数。

（3）命题分析：主要考查 S_n 和 a_n 关系的应用，注重 a_n 和 S_n 的相互转化，以选择题、填空题为主，属中等题，难度系数一般为0.4～0.7。有时涉及数列中的某一项求解最大值和最小值等。

（4）基本题型：①求数列的某一项；②观察写出通项公式；③数列概念；④单调性问题；⑤求最大项和最小项；⑥综合创新应用。

（5）基本思想方法：①累加法；②累乘法；③构造法；④归纳法；⑤函数思想方法应用。

二、重点知识归纳

1. 数列的有关概念（表6－4－1）

表6－4－1　数列的有关概念

概念	含义
数列	按照一定顺序排列的一列数
数列的项	数列中的每一个数

续表

概念	含义
数列的通项	数列 $\{a_n\}$ 的第 n 项 a_n
通项公式	数列 $\{a_n\}$ 的第 n 项与序号 n 之间的关系式
前 n 项和	数列 $\{a_n\}$ 中，$S_n=a_1+a_2+\cdots+a_n$

2. 数列的表示方法（表 6－4－2）

表 6－4－2　数列的表示方法

列表法		列表格表示 n 与 a_n 的对应关系
图象法		把点 (n, a_n) 画在平面直角坐标系中
公式法	通项公式	把数列的通项使用公式表示的方法
	递推公式	使用初始值 a_1 和 a_n 与 a_{n+1} 的关系式或 a_1，a_2 和 a_{n-1}，a_n，a_{n+1} 的关系式等表示数列的方法

3. a_n 与 S_n 的关系

若数列 $\{a_n\}$ 的前 n 项和为 S_n，则 $a_n=\begin{cases}S_1, & n=1\\ S_n-S_{n-1}, & n\geqslant 2\end{cases}$。

4. 数列的分类（表 6－4－3）

表 6－4－3　数列的分类

分类原则	类型	满足条件	
按项数分类	有穷数列	项数有限	
	无穷数列	项数无限	
按项与项间的大小关系分类	递增数列	$a_{n+1}>a_n$	其中 $n\in\mathbf{N}^*$
	递减数列	$a_{n+1}<a_n$	
	常数列	$a_{n+1}=a_n$	
按其他标准分类	摆动数列	从第二项起，有些项大于它的前一项，有些项小于它的前一项的数列	

5. **数列 $\{a_n\}$ 中的最大项、最小项**

在数列 $\{a_n\}$ 中，若 a_n 最大，则 $\begin{cases} a_n \geqslant a_{n-1} \\ a_n \geqslant a_{n+1} \end{cases}$，若 a_n 最小，则 $\begin{cases} a_n \leqslant a_{n-1} \\ a_n \leqslant a_{n+1} \end{cases}$。

上述所列基础知识点是高考的重点内容，务必识记、理解、掌握和灵活地运用。

三、高频考点解读

考点一：由 a_n 与 S_n 的关系求通项公式 a_n

a_n 与 S_n 关系的应用是每年高考的高频考点，题型一般为选择题或填空题，有时也出现在解答题的已知条件中，属容易题。难度系数一般为 0.3 ~ 0.5。高考对 a_n 与 S_n 关系的考查一般有以下两种常见方式：①利用 a_n 与 S_n 的关系求通项公式 a_n；②利用 a_n 与 S_n 的关系求 S_n。

例 1 已知数列 $\{a_n\}$ 的各项均为正数，S_n 为其前 n 项和，且对任意 $n \in \mathbf{N}^*$，均有 a_n，S_n，a_n^2 成等差数列，则 $a_n =$ ________。

答案： n。

解析： 因为 a_n，S_n，a_n^2 成等差数列，所以 $2S_n = a_n + a_n^2$，当 $n = 1$ 时，$2S_1 = 2a_1 = a_1 + a_1^2$，又 $a_1 > 0$，所以 $a_1 = 1$；当 $n \geqslant 2$ 时，$2a_n = 2(S_n - S_{n-1}) = a_n + a_n^2 - a_{n-1} - a_{n-1}^2$，所以 $(a_n^2 - a_{n-1}^2) - (a_n + a_{n-1}) = 0$，所以 $(a_n + a_{n-1})(a_n - a_{n-1} - 1) = 0$，又 $a_n + a_{n-1} > 0$，$n \geqslant 2$，所以 $a_n - a_{n-1} = 1$，$n \geqslant 2$，所以 $\{a_n\}$ 是等差数列，其公差为 1，因为 $a_1 = 1$，所以 $a_n = n$（$n \in \mathbf{N}^*$）。

同式异构： 已知数列 $\{a_n\}$ 的前 n 项和 $S_n = 3^n + 1$，则 $a_n =$ ________。

答案： $\begin{cases} 4, & n = 1 \\ 2 \cdot 3^{n-1}, & n \geqslant 2 \end{cases}$。

解析： 当 $n = 1$ 时，$a_1 = S_1 = 3 + 1 = 4$；当 $n \geqslant 2$ 时，$a_n = S_n - S_{n-1} = (3^n + 1) - (3^{n-1} + 1) = 2 \cdot 3^{n-1}$。当 $n = 1$ 时，$2 \times 3^{1-1} = 2 \neq a_1$，所以 $a_n = \begin{cases} 4, & n = 1 \\ 2 \cdot 3^{n-1}, & n \geqslant 2 \end{cases}$。

例 2 设 S_n 是数列 $\{a_n\}$ 的前 n 项和，且 $a_1 = -1$，$a_{n+1} = S_n S_{n+1}$，则 $S_n =$ ________。

答案：$-\frac{1}{n}$。

解析：由已知得 $a_{n+1}=S_{n+1}-S_n=S_{n+1}S_n$，两边同时除以 $S_{n+1}S_n$，得$\frac{1}{S_{n+1}}-\frac{1}{S_n}=-1$，故数列 $\{\frac{1}{S_n}\}$ 是以 -1 为首项，-1 为公差的等差数列，则 $\frac{1}{S_n}=-1-(n-1)=-n$，所以 $S_n=-\frac{1}{n}$。

同式异构1：已知数列 $\{a_n\}$ 的前 n 项和为 S_n，$a_1=1$，$S_n=2a_{n+1}$，则 $S_n=$ ________。

答案：$\left(\frac{3}{2}\right)^{n-1}$。

解析：

法一：因为 $S_n=2a_{n+1}$，所以当 $n\geqslant2$ 时，$S_{n-1}=2a_n$，所以 $a_n=S_n-S_{n-1}=2a_{n+1}-2a_n$（$n\geqslant2$），即$\frac{a_{n+1}}{a_n}=\frac{3}{2}$（$n\geqslant2$），又 $a_2=\frac{1}{2}$，所以 $a_n=\frac{1}{2}\times\left(\frac{3}{2}\right)^{n-2}$（$n\geqslant2$）。当 $n=1$ 时，$a_1=1\neq\frac{1}{2}\times\left(\frac{3}{2}\right)^{-1}=\frac{1}{3}$，所以 $a_n=\begin{cases}1, & n=1\\ \frac{1}{2}\times\left(\frac{3}{2}\right)^{n-2}, & n\geqslant2\end{cases}$，所以 $S_n=2a_{n+1}=2\times\frac{1}{2}\times\left(\frac{3}{2}\right)^{n-1}=\left(\frac{3}{2}\right)^{n-1}$。

法二：因为 $S_1=a_1$，$a_{n+1}=S_{n+1}-S_n$，则 $S_n=2(S_{n+1}-S_n)$，所以 $S_{n+1}=\frac{3}{2}S_n$，所以数列 $\{S_n\}$ 是首项为1，公比为$\frac{3}{2}$的等比数列，所以 $S_n=\left(\frac{3}{2}\right)^{n-1}$。

同式异构2：已知数列 $\{a_n\}$ 满足 $a_1+2a_2+3a_3+4a_4+\cdots+na_n=3n^2-2n+1$，求 a_n。

答案：$a_n=\begin{cases}2, & n=1,\\ \frac{6n-5}{n}, & n\geqslant2\end{cases}$。

解析：设 $a_1+2a_2+3a_3+4a_4+\cdots+na_n=T_n$，当 $n=1$ 时，$a_1=T_1=3\times1^2-2\times1+1=2$；当 $n\geqslant2$ 时，$na_n=T_n-T_{n-1}=3n^2-2n+1-[3(n-1)^2-2(n-1)+1]=6n-5$，因此 $a_n=\frac{6n-5}{n}$。显然当 $n=1$ 时，不满足上式。故数列的通项

公式为$a_n=\begin{cases}2, & n=1,\\ \dfrac{6n-5}{n}, & n\geqslant 2\end{cases}$。

指点迷津：

（1）已知S_n求a_n的三个步骤：①先利用$a_1=S_1$求出a_1；②用$n-1$替换S_n中的n得到一个新的关系，利用$a_n=S_n-S_{n-1}$（$n\geqslant 2$）便可求出当$n\geqslant 2$时a_n的表达式；③注意检验$n=1$时的表达式是否可以与$n\geqslant 2$的表达式合并。

（2）S_n与a_n关系问题的求解思路：根据所求结果的不同要求，将问题向两个不同的方向转化：①利用$a_n=S_n-S_{n-1}$（$n\geqslant 2$）转化为只含S_n，S_{n-1}的关系式，再求解；②利用$S_n-S_{n-1}=a_n$（$n\geqslant 2$）转化为只含a_n，a_{n-1}的关系式，再求解。

考点二：由递推关系求数列的通项公式

由递推关系求数列的通项公式在过去几年的高考中比较少见，并非高频考点，考查题型一般为选择题或填空题，有时也出现在解答题的已知条件中，属中档题。难度系数一般为0.6~0.7。高考对由递推关系求数列的通项公式的考查一般有以下两个常见考点：①求通项公式a_n；②求某一具体的项。比较常见的递推关系式有：①$a_{n+1}=a_n+f(n)$型；②$a_{n+1}=a_nf(n)$型；③$a_{n+1}=pa_n+q$型；④$a_{n+1}=pa_n+qf(n)$型；⑤$a_{n+1}=\dfrac{Aa_n}{Ba_n+C}$（$A$，$B$，$C$为常数）型。

例1 分别求出满足下列条件的数列的通项公式。

（1）$a_1=0$，$a_{n+1}=a_n+(2n-1)$（$n\in\mathbf{N}^*$）；（2）$a_1=1$，$a_n=\dfrac{n}{n-1}a_{n-1}$（$n\geqslant 2$，$n\in\mathbf{N}^*$）；（3）$a_1=1$，$a_{n+1}=3a_n+2$（$n\in\mathbf{N}^*$）。

解析：（1）$a_n=a_1+(a_2-a_1)+\cdots+(a_n-a_{n-1})=0+1+3+\cdots+(2n-5)+(2n-3)=(n-1)^2$。当$n=1$时，也符合上式，所以数列的通项公式为$a_n=(n-1)^2$。

（2）当$n\geqslant 2$，$n\in\mathbf{N}^*$时，$a_n=a_1\times\dfrac{a_2}{a_1}\times\dfrac{a_3}{a_2}\times\cdots\times\dfrac{a_n}{a_n-1}=1\times\dfrac{2}{1}\times\dfrac{3}{2}\times\cdots\times\dfrac{n-2}{n-3}\times\dfrac{n-1}{n-2}\times\dfrac{n}{n-1}=n$。当$n=1$时，也符合上式，所以该数列的通项公式为$a_n=n$。

（3）因为 $a_{n+1}=3a_n+2$，所以 $a_{n+1}+1=3(a_n+1)$，所以$\frac{a_{n+1}+1}{a_{n+1}}=3$，所以数列 $\{a_n+1\}$ 为等比数列。公比 $q=3$，又 $a_1+1=2$，所以 $a_n+1=2\cdot 3^{n-1}$，所以该数列的通项公式为 $a_n=2\cdot 3^{n-1}-1$。

同式异构1：已知数列 $\{a_n\}$ 满足 $a_{n+1}=3a_n+3^{n+1}$，求 a_n。

解析：因为 $a_{n+1}=3a_n+3^{n+1}$，所以$\frac{a_{n+1}}{3^{n+1}}=\frac{a_n}{3^n}+1$，所以数列$\left\{\frac{a_n}{3^n}\right\}$是以$\frac{1}{3}$为首项，1 为公差的等差数列。所以$\frac{a_n}{3^n}=\frac{1}{3}+(n-1)=n-\frac{2}{3}$，所以 $a_n=n\cdot 3^n-2\cdot 3^{n-1}$。

同式异构2：已知数列 $\{a_n\}$ $\{b_n\}$，若 $b_1=0$，$a_n=\frac{1}{n(n+1)}$，当 $n\geqslant 2$ 时，有 $b_n=b_{n-1}+a_{n-1}$，则 $b_{2017}=$__________。

答案：$\frac{2016}{2017}$。

解析：由 $b_n=b_{n-1}+a_{n-1}$ 得 $b_n-b_{n-1}=a_{n-1}$，所以 $b_2-b_1=a_1$，$b_3-b_2=a_2$，…，$b_n-b_{n-1}=a_{n-1}$，所以 $b_2-b_1+b_3-b_2+\cdots+b_n-b_{n-1}=a_1+a_2+\cdots+a_{n-1}=\frac{1}{1\times 2}+\frac{1}{2\times 3}+\cdots+\frac{1}{(n-1)\times n}$，即 $b_n-b_1=a_1+a_2+\cdots+a_{n-1}=\frac{1}{1\times 2}+\frac{1}{2\times 3}+\cdots+\frac{1}{(n-1)\times n}=\frac{1}{1}-\frac{1}{2}+\frac{1}{2}-\frac{1}{3}+\cdots+\frac{1}{n-1}-\frac{1}{n}=1-\frac{1}{n}=\frac{n-1}{n}$，因为 $b_1=0$，所以 $b_n=\frac{n-1}{n}$，所以 $b_{2017}=\frac{2016}{2017}$。

同式异构3：在数列 $\{a_n\}$ 中，$a_1=1$，$a_{n+1}=2^n a_n$，则 $a_n=$__________。

答案：$2^{\frac{n(n-1)}{2}}$。

解析：由于$\frac{a_{n+1}}{a_n}=2^n$，故$\frac{a_2}{a_1}=2^1$，$\frac{a_3}{a_2}=2^2$，…，$\frac{a_n}{a_{n-1}}=2^{n-1}$，将这 $n-1$ 个等式叠乘，得$\frac{a_n}{a_1}=2^{1+2+\cdots+(n-1)}=2^{\frac{n(n-1)}{2}}$，故 $a_n=2^{\frac{n(n-1)}{2}}$。

指点迷津：由数列递推式求通项公式的常用方法如图 6－4－1 所示。

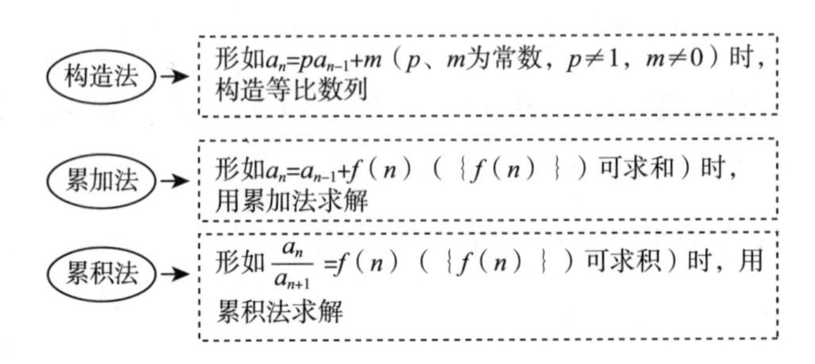

图 6－4－1　求通项公式的常用方法

具体为：

（1）已知 a_1 且 $a_n-a_{n-1}=f(n)$，可用累加法求 a_n。

（2）已知 a_1 且 $\frac{a_n}{a_{n-1}}=f(n)$，可用累乘法求 a_n。

（3）已知 a_1 且 $a_{n+1}=qa_n+b$，则 $a_{n+1}+k=q(a_n+k)$（其中 k 可由待定系数法确定），可转化为等比数列 $\{a_n+k\}$。

（4）形如 $a_{n+1}=\frac{Aa_n}{Ba_n+C}$（$A$，$B$，$C$ 为常数）的数列，可通过两边同时取倒数的方法构造新数列求解。

考点三：数列的性质

数列的性质主要有单调性、周期性及最值问题，是每年高考的高频考点，多以选择题或填空题形式考查，存在一定的难度。高考对数列的性质的考查一般有以下三种常见方式：①数列的单调性；②数列的周期性；③数列的最值。

例1　已知 $\{a_n\}$ 是递增数列，且对于任意的 $n\in\mathbf{N}^*$，$a_n=n^2+\lambda n$ 恒成立，则实数 λ 的取值范围是________。

答案：$(-3,+\infty)$。

解析：$\{a_n\}$ 是递增数列，所以对任意的 $n\in\mathbf{N}^*$，都有 $a_{n+1}>a_n$，即 $(n+1)^2+\lambda(n+1)>n^2+\lambda n$，整理得 $2n+1+\lambda>0$，即 $\lambda>-(2n+1)$（$*$）。因为 $n\geqslant1$，所以 $-(2n+1)\leqslant-3$，要使不等式（$*$）恒成立，只需 $\lambda>-3$。

例2　设数列 $\{a_n\}$ 满足 $a_{n+1}=\frac{1+a_n}{1-a_n}$，$a_{2018}=3$，那么 $a_1=$（　　）。

A. $-\frac{1}{2}$　　B. $\frac{1}{2}$　　C. $-\frac{1}{3}$　　D. $\frac{1}{3}$

答案： B。

解析： 设 $a_1=x$，由 $a_{n+1}=\frac{1+a_n}{1-a_n}$，得 $a_2=\frac{1+x}{1-x}$，$a_3=\frac{1+a_2}{1-a_2}=\frac{1+\frac{1+x}{1-x}}{1-\frac{1+x}{1-x}}=-\frac{1}{x}$，$a_4=\frac{1+a_3}{1-a_3}=\frac{1-\frac{1}{x}}{1+\frac{1}{x}}=\frac{x-1}{x+1}$，$a_5=\frac{1+a_4}{1-a_4}=\frac{1+\frac{x-1}{x+1}}{1-\frac{x-1}{x+1}}=x=a_1$，所以数列 $\{a_n\}$ 是周期为4的周期数列。所以 $a_{2018}=a_{504\times4+2}=a_2=\frac{1+x}{1-x}=3$。解得 $x=\frac{1}{2}$。

例3 已知数列 $\{a_n\}$ 的前 n 项和 $S_n=-\frac{1}{2}n^2+kn$，$k\in\mathbf{N}^*$，且 S_n 的最大值为8。试确定常数 k，并求数列 $\{a_n\}$ 的通项公式。

答案： $a_n=\frac{9}{2}-n$。

解析： 因为 $S_n=-\frac{1}{2}n^2+kn=-\frac{1}{2}(n-k)^2+\frac{1}{2}k^2$，其中 k 是常数，且 $k\in\mathbf{N}^*$，所以当 $n=k$ 时，S_n 取最大值 $\frac{1}{2}k^2$，故 $\frac{1}{2}k^2=8$，$k^2=16$，因此 $k=4$，从而 $S_n=-\frac{1}{2}n^2+4n$。当 $n=1$ 时，$a_1=S_1=-\frac{1}{2}+4=\frac{7}{2}$；当 $n\geqslant2$ 时，$a_n=S_n-S_{n-1}=\left(-\frac{1}{2}n^2+4n\right)-\left[-\frac{1}{2}(n-1)^2+4(n-1)\right]=\frac{9}{2}-n$；当 $n=1$ 时，$\frac{9}{2}-1=\frac{7}{2}=a_1$，所以 $a_n=\frac{9}{2}-n$。

同式异构1： 已知数列 $\{a_n\}$ 满足 $a_{n+1}=a_n+2n$，且 $a_1=33$，则 $\frac{a_n}{n}$ 的最小值为（　　）。

A. 21　　B. 10　　C. $\frac{21}{2}$　　D. $\frac{17}{2}$

答案： C。

解析： 由已知条件可知，当 $n\geqslant2$ 时，$a_n=a_1+(a_2-a_1)+(a_3-a_2)+\cdots+(a_n-a_{n-1})=33+2+4+\cdots+2(n-1)=n^2-n+33$，又 $n=1$ 时，$a_1=33$ 满足此

式。所以$\frac{a_n}{n}=n+\frac{33}{n}-1$。令$f(n)=\frac{a_n}{n}=n+\frac{33}{n}-1$，则$f(n)$在$[1,5]$上为减函数，在$[6,+\infty)$上为增函数，又$f(5)=\frac{53}{5}$，$f(6)=\frac{21}{2}$，则$f(5)>f(6)$，故$f(n)=\frac{a_n}{n}$的最小值为$\frac{21}{2}$。

同式异构2：已知数列$\{a_n\}$满足$a_1=2$，$a_n=-\frac{1}{a_{n-1}+1}$（$n\geqslant 2$且$n\in\mathbf{N}^*$），若数列$\{a_n\}$的前n项和为S_n，则$S_{2018}=$__________。

答案：$\frac{341}{3}$。

解析：因为$a_1=2$，$a_2=-\frac{1}{3}$，$a_3=-\frac{3}{2}$，$a_4=2$，所以数列$\{a_n\}$是周期为3的数列，所以$S_{2018}=672\times\left(2-\frac{1}{3}-\frac{3}{2}\right)+2-\frac{1}{3}=\frac{341}{3}$。

指点迷津：

（1）利用递推公式探求数列的周期性的两种思想。

思想1：根据递推公式，写出数列的前n项直到出现周期情况后，利用$a_{n+T}=a_n$写出周期$(n+T)-n=T$。

思想2：利用递推公式逐级递推，直到出现$a_{n+T}=a_n$，即得周期$T=(n+T)-n$。

（2）判断数列的单调性的两种方法如图6-4-2所示。

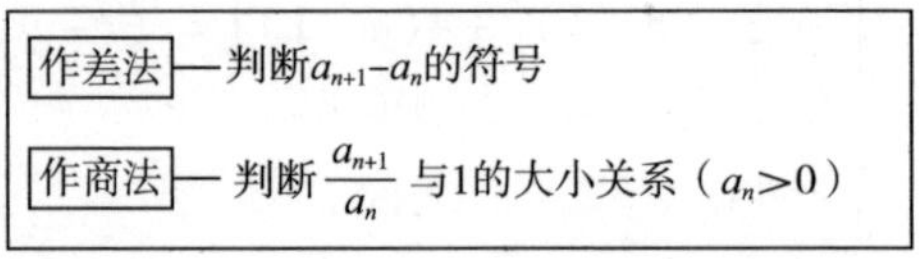

作差法—判断$a_{n+1}-a_n$的符号

作商法—判断$\frac{a_{n+1}}{a_n}$与1的大小关系（$a_n>0$）

图6-4-2 判断数列的单调性的两种方法

考点四：用函数思想解决数列的单调性或最值问题

数列本质上是函数，只是其自变量$x=n\in\mathbf{N}^*$，因此求解其单调性，一方面可用$a_{n+1}-a_n>0$或$a_{n+1}-a_n<0$，另一方面也可以转化构造相应的函数$a_n=f(n)$，利用函数求单调性的方法求解相关问题。该类问题通常有一定难度。

例1 已知数列$\{a_n\}$的通项公式为$a_n=n^2-21n+20$。

（1）n为何值时，a_n有最小值？并求出最小值。

（2）n 为何值时，该数列的前 n 项和最小？

解析：

（1）因为 $a_n = n^2 - 21n + 20 = \left(n - \frac{21}{2}\right)^2 - \frac{361}{4}$，可知对称轴方程为 $n = \frac{21}{2} = 10.5$。又因 $n \in \mathbf{N}^*$，故 $n = 10$ 或 $n = 11$ 时，a_n有最小值，其最小值为 $11^2 - 21 \times 11 + 20 = -90$。

（2）设数列的前 n 项和最小，则有 $a_n \leqslant 0$，由 $n^2 - 21n + 20 \leqslant 0$，解得 $1 \leqslant n \leqslant 20$，故数列 $\{a_n\}$ 从第 21 项开始为正数，所以该数列的前 19 或 20 项和最小。

同式异构 1： 已知数列 $\{a_n\}$ 的通项公式为 $a_n = n^2 - 21n + 20$，设 $b_n = \frac{a_n}{n}$，则 n 为何值时，b_n取得最小值？并求出最小值。

解析： 由 $b_n = \frac{a_n}{n} = \frac{n^2 - 21n + 20}{n} = n + \frac{20}{n} - 21$，令 $f(x) = x + \frac{20}{x} - 21\ (x > 0)$，则 $f'(x) = 1 - \frac{20}{x^2}$，由 $f'(x) = 0$ 解得 $x = 2\sqrt{5}$ 或 $x = -2\sqrt{5}$（舍）。而 $4 < 2\sqrt{5} < 5$，故当 $n \leqslant 4$ 时，数列 $\{b_n\}$ 单调递减；当 $n \geqslant 5$ 时，数列 $\{b_n\}$ 单调递增。而 $b_4 = 4 + \frac{20}{4} - 21 = -12$，$b_5 = 5 + \frac{20}{5} - 21 = -12$，所以当 $n = 4$ 或 $n = 5$ 时，b_n取得最小值，最小值为 -12。

指点迷津：

（1）数列中项的最值的求法。

根据数列与函数之间的对应关系，构造相应的函数 $a_n = f(n)$，利用求解函数最值的方法求解，但要注意自变量的取值。

（2）前 n 项和最值的求法。

① 先求出数列的前 n 项和 S_n，根据 S_n的表达式求解最值。

② 根据数列的通项公式，若 $a_n \geqslant 0$，且 $a_{n+1} < 0$，则 S_n最大；若 $a_n \leqslant 0$，且 $a_{n+1} > 0$，则 S_n最小，这样便可直接利用各项的符号确定最值。

考点五：数学文化与数列问题

教育部考试中心在 2017 年高考前提出，高考试题要增加反映我国政治、经济、文化、社会、科技等领域发展进步的内容，考查学生对我国社会现状、时事政策的了解、思考和把握，考查学生对国家层面、社会层面、个人层面等价值准则的理解。

传统文化是中华民族在历史长河中凝聚在政治、哲学、经济、艺术以及生产生活中的智慧结晶，是中华文明的精髓。在高考命题中，各学科都要对中国优秀传统文化有所体现。增加中华优秀传统文化的考核内容，积极培育和践行社会主义核心价值观，充分发挥高考命题的育人功能和积极导向作用。所以数学也要考传统文化。

例1 （2017·高考全国卷Ⅱ）我国古代数学名著《算法统宗》中有如下问题："远望巍巍塔七层，红光点点倍加增，共灯三百八十一，请问尖头几盏灯？"意思是：一座7层塔共挂了381盏灯，且相邻两层中的下一层灯数是上一层灯数的2倍，则塔的顶层共有灯（　　）。

A. 1盏　　B. 3盏　　C. 5盏　　D. 9盏

答案： B。

解析： 每层塔所挂的灯数从上到下构成等比数列，记为 $\{a_n\}$，则前7项的和 $S_7=381$，公比 $q=2$，依题意，得 $\frac{a_1(1-2^7)}{1-2}=381$，解得 $a_1=3$。

同式异构1：《九章算术》是我国古代的数学名著，书中有如下问题："今有五人分五钱，令上二人所得与下三人等。问各得几何？"其意思为："已知甲、乙、丙、丁、戊五人分5钱，甲、乙两人所得与丙、丁、戊三人所得相同。问五人各得多少钱？"（"钱"是古代的一种重量单位）这个问题中，甲所得为（　　）。

A. $\frac{5}{4}$钱　　B. $\frac{5}{3}$钱　　C. $\frac{3}{2}$钱　　D. $\frac{4}{3}$钱

答案： D。

解析： 设等差数列 $\{a_n\}$ 的首项为 a_1，公差为 d，依题意有 $\begin{cases}2a_1+d=3a_1+9d\\2a_1+d=\frac{5}{2}\end{cases}$ 解得 $\begin{cases}a_1=\frac{4}{3},\\d=-\frac{1}{6}\end{cases}$。

同式异构2：《九章算术》之后，人们学会了用等差数列的知识来解决问题，《张丘建算经》卷上第22题："今有女善织，日益功疾，初日织五尺，今一月，日织九匹三丈。"（注：从第2天开始，每天比前一天多织相同量的布）第一天织5尺布，现一月（按30天计）共织390尺布，则第30天比第一天多织布的尺数是（　　）。

A. 19　　B. 18　　C. 17　　D. 16

答案： D。

解析： 依题意，织女每天所织布的尺数依次排列形成等差数列，记为 $\{a_n\}$，其中 $a_1=5$，$S_{30}=\frac{30(a_1+a_{30})}{2}=390$，$a_1+a_{30}=26$，$a_{30}=26-a_1=21$，$a_{30}-a_1=16$。

指点迷津： 解决这类问题的关键是将古代实际问题转化为现代数学问题，即数列问题，利用数列的通项公式及求和公式求解。

四、自我体悟生成

1. 数列与函数的关系

数列是一种特殊的函数，即数列是一个定义在正整数集 $\mathbf{N}^*$ 或其子集上的函数，当自变量依次从小到大取值时所对应的一列函数值就是数列。

2. 数列的单调性的判断

（1）作差比较法。$a_{n+1}-a_n>0\Leftrightarrow$ 数列 $\{a_n\}$ 是递增数列；$a_{n+1}-a_n<0\Leftrightarrow$ 数列 $\{a_n\}$ 是递减数列；$a_{n+1}-a_n=0\Leftrightarrow$ 数列 $\{a_n\}$ 是常数列。

（2）作商比较法。当 $a_n>0$ 时，则 $\frac{a_{n+1}}{a_n}>1\Leftrightarrow$ 数列 $\{a_n\}$ 是递增数列；$\frac{a_{n+1}}{a_n}<1\Leftrightarrow$ 数列 $\{a_n\}$ 是递减数列；$\frac{a_{n+1}}{a_n}=1\Leftrightarrow$ 数列 $\{a_n\}$ 是常数列。当 $a_n<0$ 时，则 $\frac{a_{n+1}}{a_n}>1\Leftrightarrow$ 数列 $\{a_n\}$ 是递减数列；$\frac{a_{n+1}}{a_n}<1\Leftrightarrow$ 数列 $\{a_n\}$ 是递增数列；$\frac{a_{n+1}}{a_n}=1\Leftrightarrow$ 数列 $\{a_n\}$ 是常数列。

3. 易错防范

（1）数列是按一定“次序”排列的一列数，一个数列不仅与构成它的“数”有关，而且还与这些“数”的“排列顺序”有关。

（2）易混淆项与项数两个不同的概念。数列的项是指数列中某一确定的数，而项数是指数列的项对应的位置序号。

参考文献

[1] 乌美娜．教学设计［M］．北京：高等教育出版社，1994.

[2] 吴效锋．新课程怎样教——教学艺术与实践［M］．沈阳：沈阳出版社，2003.

[3] 索桂芳．论课堂教学设计［J］．河北师范大学学报（教育科学版），2001（2）．

[4] 吴小玲，赖新元．教师如何做好课堂教学设计［M］．长春：吉林大学出版社，2008.

[5] 李树臣．数学素质教育的再思考［J］．中学数学杂志（初中版），2008（4）．

[6] 白改平，褚海峰．目标设计步骤及其注意问题［J］．中学数学教学参考（高中），2008（Z2）．

[7] 孙宏安．数学能力的目标表述［J］．中学数学教学参考，2017（Z1）．

[8] 任高茹．生本教育理念下的教学设计探微［J］．现代教育论丛，2008（3）．

[9] 邵瑞珍．教育心理学［M］．上海：上海教育出版社，1997.

[10] 袁振国．当代教育学［M］．北京：教育科学出版社，1999.

[11] 郭思乐．教育走向生本［M］．北京：人民教育出版社，2001.

[12] 联合国教科文组织国际教育发展委员会．学会生存——教育世界的今天和明天［M］．北京：教育科学出版社，1996.

[13] 郭思乐．教育要变控制生命为激扬生命［N］．中国教育报，2006-01-09.

[14] 张肇丰．试论研究性学习［J］．课程·教材·教法，2000（6）．

[15] 中华人民共和国教育部基础教育司．走进新课程——与课程实施者对话［M］．北京：北京师范大学出版社，2002.

[16] 刘运芳，贺清和．中学学科核心素养通典［M］．长春：吉林出版集团股份有限公司，2018.

[17] 中华人民共和国教育部．普通高中数学课程标准（2017 年版）［M］．北京：人民教育出版社，2018.